엄마의
공부머리
말습관

매일의 '작은 성공'을 이끌어
아이의 미래를 바꾸는

엄마의
공부머리
말습관

이임숙 지음

★ 카시오페아
Cassiopeia

우리 아이의 공부머리 잘 크고 있나요?

10분이면 끝낼 숙제를 1시간째 붙들고 있는 아이에게 어떻게 말해야 할까요? 숙제를 하긴 했지만 대충 했다면? 혹시라도 답안지를 베끼거나, 하지도 않고 다 했다고 거짓말을 한다면, 엄마는 아이에게 무슨 말을 해야 할까요?

오늘도 엄마는 아이의 공부와 숙제를 위해 고군분투하지요. 하지만 아무리 엄마가 안달복달한들 아이 마음이 공부에 가 있지 않으면 소용없습니다. 무섭게 혼내면 하는 시늉을 하지만, 진짜 공부는 아니었습니다. 이렇게 억지로 공부한다면 아이의 생각머리, 공부머리는 멈춰버리게 됩니다.

아이도 열심히 잘하고 싶습니다. 시켜서 하는 공부가 아니라, 스스로 공부하는 아이가 되고 싶습니다. 공부머리가 좋아져 어려운 것도 척척 풀 수 있기를 간절하게 바랍니다. 하지만 울먹이며 "안 되는 걸 어떡해요?"라며 답답한 마음을 하소연합니다. 어린 시절 그렇게 밝고 자존감 높던 아이조차 초등학생이 되면서 공부의 벽 앞에서 마음이 무너져버립니다. 생각머리 공부머리가 막혀버려 잘 발달하던 정서머리까지 마비가 되어버립니다

아이들이 공부 무기력으로 힘겨워하는 안타까운 모습들을 보면서 공부를 위한 엄마의 말을 자세히 알려드려야겠다는 책임감을 느낍니다. 엄마의 지혜로운 말 한마디가 아이의 공부머리를 키워줍니다. 그래서 공부의 성공 경험이 누적되면 그야말로 슬기로운 공부 생활로 발전하게 되지요. 지금까지 무슨 말을 해도 아이의 공부 태도에 변화가 없거나, 오히려 나빠졌다면, 이젠 공부 의욕과 공부머리를 키워주는 새로운 엄마의 말이 필요합니다.

새로운 엄마의 말은 아이의 공부머리가 잘 발달하고 마음을 다해 집중하는 성공적인 공부의 길로 이끌어주는 방법입니다. 우리 아이의 공부머리를 키워주는 엄마의 말습관으로 기적 같은 변화를 경험할 수 있을 겁니다.

1장에서는 아이가 공부의 주인공이 되어 공부 태도를 변하게 하는 법, 2장은 공부 의욕을 자극하여 공부머리를 키워주는 육하원칙 대화법, 3장은 일상의 공부 장면에서 하루하루 슬기로운 공부

생활을 하여 평생의 공부력을 키워주는 구체적인 엄마의 말을 담았습니다.

'엄마'의 말이라는 표현 때문에 엄마만의 책임으로 오해하지 않기를 바랍니다. '엄마'의 말이라 표현하였지만, 아빠에게도 똑같이 적용되는 '부모'의 말이며, 글쓰기의 편의상 엄마라는 대표 언어를 사용하였음을 알려드립니다.

엄마 아빠는 아이에게 늘 말을 합니다. 그중 몇 마디는 아이 마음을 움직여 공부 태도와 공부머리가 발전하는 말이었으면 좋겠습니다. 부모가 먼저 지혜로운 말을 사용하여, 반짝이는 눈망울로 열심히 공부하는 아이를 만나게 되기를 진심으로 응원합니다.

"공부가 재밌어요"라는 말 꼭 듣게 되시기 바라며
이임숙

차 례

1장 공부 시작
아이의 공부를 바꾸는 엄마 말의 힘

2장 공부 자극
아이의 공부머리를 자극하는 육하원칙 대화법

3장 공부 실전
일상에서 써먹는 엄마의 실전 멘토링

공부 시작

아이의 공부를 바꾸는 엄마 말의 힘

'공부' 말만 해도
짜증 내는 아이들

　아이가 이제 초등학교 1학년인데 벌써 공부하기를 싫어해요. 5살 때부터 글자에 관심을 보였지만 엄마가 극성부리면 아이가 싫어할까 봐 한참 기다렸다가 6살 때부터 한글 학습지를 시작했어요. 무리해서라도 영어 유치원에 보낼까 하다 그것도 참고 집에서 자막 없는 영어 애니메이션만 보는 정도예요. 수학은 제가 문제집 사다가 시켰어요. 아이가 싫어할까 봐 답답해도 화 안 내고 잘 가르쳤다고 생각했어요. 학원은 피아노, 미술뿐이었어요. 그런데 아이가 초등학교에 들어가더니 공부가 제일 싫다며 숙제 한번 하는데도 엄마 속을 뒤집어놓아요. 학년이 올라가면 공부가 더 어려워지고 양도 많아질 텐데 벌써 이러면 어떡하죠? 제발 좋은 방법 좀 알려주세요. 최소한 짜증만 내지 않아도 너무 좋겠어요.

3학년 아이가 코로나19로 집에 있는 시간이 많아지면서 스마트폰에 빠져 살고 있습니다. 사용 시간을 약속해도 소용이 없고, 몰래 게임하고 웹툰을 봅니다. 스마트폰 때문에 공부는 아예 뒷전이에요. 일단 웹툰 금지하고, 앱도 다 지우고, 패밀리 링크 앱도 설치했어요. 그런데 스마트폰 안 할 때도 여전히 숙제는 안 하려고 해요. 게다가 온라인 수업에도 여전히 적응을 못해요. 수업 듣는다면서 다른 유튜브를 보고 있어요. 점점 아이에게 화만 내게 됩니다. 옆에서 지켜보면 감시하지 말라며 투덜대고, 그렇다고 그냥 두면 더 산만해지기만 하니 걱정입니다. 패밀리 링크도 아이들이 뚫기도 한다는데, 이렇게 막는 게 효과가 있을까요? 이러다 정말 공부와 멀어지는 건 아닌지 너무 걱정됩니다.

초등학교 5학년 아이가 학원 공부를 무척 힘들어해요. 제일 좋은 학원이라고 해서 보냈는데 너무 어렵다고 해요. 돈도 돈이지만 제대로 못 따라가는 게 속상해요. 다른 아이들은 다 잘 따라가는데 왜 우리 아이만 그럴까요? 특별히 머리가 나쁜 아이도 아닌데 "학원 숙제해야지"라고 한마디만 해도 아이가 짜증이 폭발해요. 저도 화가 나서 다니지 말라고 소리치면 아이는 더 짜증을 내요. 다니

1장 공부 시작

지 말라는 데도 화만 내니 어떻게 해야 좋을지 모르겠어요. 초등학교 공부를 이렇게 어려워하면 중학생이 되면 어떨지 생각만 해도 걱정이 돼요. 그렇다고 제가 전문가도 아닌데 직접 가르칠 수도 없고…… 이럴 때 어떻게 하면 좋을까요?

선생님, 우리 아이가 바로 그런 아이예요. 초등학교 때 눈부시게 잘하다가 날이 갈수록 공부하곤 담을 쌓고 죽죽 내리막길을 걷는 아이요. 지금 중학교 3학년인데 어떡하면 좋아요? 제가 어떻게 해야 하나요? 너무 강압적으로 시키고 간섭을 많이 해서 아이가 질렸나 봐요. 이젠 아무것도 하기 싫다고 해요. 아예 공부 안 하겠다고 말할까 봐 겁이 나 죽겠어요. 어떻게 해야 아이가 예전처럼 의욕적으로 공부할 수 있을까요? 상담을 받으면 좀 나아질까요? 우리 아이 한번 만나주시겠어요?

아이의 공부가 커갈수록 이런 모습이라면 참으로 괴로울 것이다. 만약 지금 우리 아이가 유아라면 초등학생이 된 모습을 상상해보자. 지금 초등학생이라면 중학생 혹은 고등학생이 된 모습을 상상해보자. 등교하는 아침에 신나게 "학교 다녀오겠습니다!"라고 외치며 집을 나설까, 아니면 축 처진 어깨로 도살장에 끌려가는 소처럼 억지로 마지못해 학교로 향하고 있을까? 아이들의 모습이 왜 이렇게 극과

극의 두 가지 모습으로 갈리게 되는 것일까? 한 가지 확실한 건 아이들은 원래 모두 배우기를 즐겼다는 점이다. 시간이 갈수록 공부를 싫어하고 부담감을 가지는 아이들, 어떻게든 공부에서 멀어지려고만 하는 아이들의 어릴 적 모습을 기억해보면 확실하게 알 수 있다.

한글을 처음 배우거나 숫자 세기를 시작할 때 아이들은 짜증 내거나 투정부리지 않았다. 아는 글자가 하나라도 있으면 찾아내어 기뻐했고, 숫자를 틀리게 세면서도 벌써 자신이 셀 수 있다는 사실을 뽐내며 으쓱거렸다. 아이가 처음 만나는 공부는 그랬다. 의욕적이었고, 신기해하며 배워가는 즐거움과 뿌듯함이 함께했다. 만약 이런 모습을 잘 지켜나갈 방법을 찾았더라면, 초·중·고등학생이 되어서도 그때처럼 배우는 기쁨을 알고 힘들어도 기꺼이 참아내는 성숙한 모습으로 성장하고 있을 것이다.

그렇다면 도대체 그 중간에 무슨 일이 있었던 것일까? 어떤 경험을 했기에 아이는 공부의 '기역' 자만 들어도 인상을 찌푸리고 생각은 마비되어버리며 짜증만 내는 것일까? 사람마다 커가면서 만들어지는 '공부'에 대한 이미지가 있다. 그것이 긍정적인지 부정적인지에 따라 아이의 공부 인생은 엄청나게 달라진다. 어른이 되어 다양한 사람과 다양한 주제로 만나고 의견을 나누어보면 확연히 알 수 있다.

어떤 사람은 새로운 사실을 배우고 익히는 일을 즐겨 평생 무언가를 새롭게 배우고 도전한다. 반면 어떤 사람은 공부라면 진절머리가 난다면 손사래를 친다. 공부에 대한 부정적 각인이 뿌리 깊은 사람은 대부분 공부를 싫어하고 부담스러워하며 늦은 나이에 계속 공부하는 사람을 보면 이해가 안 된다고 말한다. 그런데 이상한 건 자신이 공부를 싫어하는 인생을 살게 된 원인을 좀 더 심사숙고해 보지 않은 채, 자신이 공부를 싫어하게 된 바로 그 방식으로 여전히 아이에게 공부를 강요한다는 사실이다.

당신은 우리 아이가 어떤 모습으로 공부하며 살아가기를 바라는 가? 아이가 유아와 초등학교 시기에 공부에 대해 갖게 되는 이미지는 중학생, 고등학생이 되면서까지 영향을 끼쳐 확연하게 다른 길을 걷게 한다.

😀 "공부하려고 했는데 엄마 때문에 하기 싫어요!"

이런 말을 들어보았다면 엄마가 아이에게 어떻게 했는지 알아보아야 한다. 숙제를 미룬 채 TV를 보거나 놀고 있는 아이에게 뭐라고 했는가. 아이가 엄마 핑계를 대며 하기 싫다고 외치고 있다면 그런 아이에게 엄마가 무슨 말을 했는지 살펴보아야 한다. 아이들이 이런 모습을 보이게 된 이유는 여러 가지일 수 있지만, 그중 가장 큰 이유는 공부에 관한 엄마의 말에서 찾을 수 있다. 그나마 숙제해야 한다는 작은 마음마저 사라지게 만들었으니 말이다.

아이가 어릴 적엔 엄마도 따뜻하게 격려하는 말을 잘 사용했다. 사랑하고 감사하며 격려하는 말. 하지만 아이의 공부가 시작되면 엄마는 진짜 엄마의 언어를 잊어버리기 시작한다. 혹은 이제는 아이가 컸으니 그런 말을 쓰지 않아야 한다고 생각하기도 한다. 그래서 지시하고 명령하고 윽박지르고 잔소리하는 언어, 비난하고 협박하는 언어가 '엄마의 말' 자리를 차지해버린다. 그 결과 아이들은 힘겨워진다.

공부라는 말만 해도 짜증 내는 아이, 공부하고 싶어도 안 되는 아이, 시간이 갈수록 점점 성적이 떨어지는 아이, 노력해도 성과가 없는 아이에게는 학원이나 과외가 하나 더 필요한 게 절대 아니다. 공부를 위한 새로운 엄마의 말이 필요하다. 자신 있고 당당하게, 성숙하고 멋진 모습으로 공부하는 아이의 모습을 계속 만나고 싶다면 엄마의 말을 점검해보자.

아이의 공부에는 아주 특별한 엄마의 말이 필요하다. 단순히 위로하는 말로는 부족하다. 싫은 마음에 호기심을 심어주고, 짜증 나는 마음에 재미를 느끼도록 하고, 몰랐던 것을 깨닫게 하고, 자신이 진정 얼마나 열심히 공부하고 배우기 원하는 사람인지 알게 해주는 엄마의 말. 학년이 올라갈수록 공부에서 문제가 생긴다면, 이제 엄마의 말도 아이가 성장하는 만큼 자라나야 한다. '아이의 공부를 바꾸는 엄마의 말'이 필요한 이유다.

나는 공부를?

나는 공부를 _____ .

우리 아이는 빈칸에 어떤 말을 채워 넣을까? 심리 검사 중 하나인 문장완성검사(SCT: Sentence Completion Test)의 한 항목이다. 문장완성검사는 미완성 문장을 제시해서 빠진 부분에 자연스럽게 연상되는 내용과 반응을 살펴서 분석해보는 검사다. 자신이 인식하지 못하는 내면의 사고와 정서 상태, 욕구 및 갈등, 혹은 성격 특성을 분석하여 그 대상에 대한 심리적 태도를 깊이 있게 알아볼 수 있다.

만약 우리 아이가 공부 다음에 "어렵다, 힘들다, 싫다, 짜증 난다"

라는 말을 가장 먼저 떠올린다면 아이의 공부를 다시 생각해보아야 한다. 공부에 대한 기본적 이미지가 부정적으로 형성되어 있어 앞으로의 공부가 억지 공부로 이어지다 어느 순간 포기하게 될 것을 예견하고 있기 때문이다.

오늘 하루, 아이가 억지로라도 해야 할 과제를 다 했다면 그래도 괜찮다고 생각하는 건 위험하다. 벌써 이렇게 하루 공부가 힘들기만 한다면 유아기부터 초중고등학교 때까지 12년 이상 이어지는 공부를 제대로 해낼 수가 없다. 게다가 진짜 공부는 대학 들어가고 나서 시작하는데, 공부에 대해 부정적 각인이 심한 아이라면 더 치열해진 공부 경쟁에서 자신의 길을 찾아가기 쉽지 않다. 힘들고 어렵기만 한 일을 계속하기는 쉽지 않다. 그런 아이에게 공부를 더 잘하게 하려고 시간과 노력과 돈을 들여 애써본다 한들 소용이 없다. 아이의 공부는 이미 잘못된 방향으로 흘러가고 있기 때문이다.

참, 여기서 한 가지 꼭 짚고 넘어갈 게 있다. 엄마는 앞 문장의 빈칸에 어떤 말이 떠오르는가? 아이가 연상하는 말이 어쩌면 엄마가 생각하는 것과 비슷하지 않은가? 공부에 대한 부정적 느낌과 생각이 대물림되고 있다는 생각은 들지 않은가? 엄마가 채워 넣은 말은 어쩌면 엄마 자신이 평생 가져온 공부에 대한 이미지일 것이다. 그런데 중요한 건 공부에 대한 엄마의 느낌과 생각이 바람직하지 않은데도 자신도 모르게 아이에게 자신과 똑같은 느낌과 생각을 가르치고 있다는 점이다.

"원래 공부는 어렵고 힘든 거야. 힘들어도 해야 해. 안 하면 큰일 나. 공부 못하면 사람 취급 못 받아. 나중에 뭐 해먹고 살래?"

이런 말들을 다시 나열해놓고 생각해보면 공부에 대한 부모의 절규가 느껴진다. 어쩌면 엄마 자신의 인생이 공부 때문에 망가졌다거나, 공부를 못해서 더 좋은 인생을 살지 못하게 되었다고 생각하는 건 아닐까? 그런 후회와 불안 때문에 우리 아이도 그렇게 될까 봐 오늘도 엄마의 불안과 걱정을 실어 아이를 다그치고 있는 건 아닐까?

하지만 불행하게도 엄마의 간절한 바람과는 달리 아이에게도 공부에 대한 부정적 태도가 똑같이 대물림되고 있다. 그런데 이상한 건 모든 아이가 공부를 싫어하거나 힘들고 어렵다고 말하는 건 아니라는 사실이다.

"재미있어요. 어렵긴 하지만 그래도 하고 나면 뿌듯해요. 앞으로 더 잘하고 싶어요."

이런 말을 하는 아이도 있다는 사실이 믿기는가? 어떤 사람은 공부가 재미있다는 건 불가능하다고 단정적으로 말한다. 공부에 대한 막연한 느낌이다. 이제 막연하게 생각지 말고 한계 설정을 해서 생각해보자.

유아기의 공부, 초등학생의 공부, 그리고 중고등학교의 공부는 구분되어야 한다. 당연히 입시를 위한 청소년기의 공부는 대부분이 힘겨워한다. 하지만, 모두가 그런 건 아니다. 1994~2018년까지 수능 만점자 201명 중 30명에 대한 인터뷰를 보면 그들 중 50%는 공부가 재미있다고 말했다. 그들도 처음부터 공부를 좋아한 것은 아니지만 공부가 즐거워지는 과정이 있었다. 한 과목이라도 잘하게 되면 자신을 보는 주변의 시선들이 달라지고, 자신이 잘할 수 있는 것을 찾음으로써 자존감도 높아진다. 그러다 보면 공부가 재미있어졌다고 말한다.

지금 초등학교를 다니는 우리 아이에게 높은 성적보다 더 중요한 것은 공부에 대한 즐거움과 성취의 경험이다. 모든 과목의 공부를 말하는 게 아니다. 어떻게 사람이 전 과목이 모두 재미있을 수 있겠는가? 중요한 건, 자신이 관심 있고 좋아하는 과목은 재미있어서 열심히 한다는 사실이다. 열심히 한 만큼 좋은 성적을 받게 되면 그 자체가 또 다른 동기가 되어 별로 관심 없는 과목도 열심히 할 의지가 생긴다. 이것이 바로 선순환이다.

공부를 시작하는 초등학교 시기에 인지 교육에 흥미를 붙이면 공부를 잘하게 된다. 잘하면 재미있어지고, 아이의 공부는 점점 눈부시게 발전한다. 공부에 대한 후회와 불안과 위기감으로 어린 초등학생에게 고3 수능을 대비하듯이 공부를 강조하면 막연한 불안만 커질 뿐이다.

초등학교 시기는 공부에 흥미를 느끼고 성취감을 통해 공부 자존감과 학습 동기를 키우는 것이 가장 중요하다. 그렇게 공부의 방향이 바람직한 쪽으로 잡히기만 하면 그다음은 별로 어렵지 않다. 어려우면 잠시 쉬어가고, 때로는 온 힘을 다해 매진하며 공부와 함께 인생을 살아가게 된다. 아쉽게도 우리 아이가 이런 모습이 아니라면 다시 생각해보자.

학교 교과목 중에서 가장 좋아한 과목은 무엇인가? 그 과목을 공부하는 건 재미있지 않았는가? 국어를 잘하는 사람은 국어가 재미있다고 말한다. 수학을 좋아하는 사람은 수학 공부가 재미있다고 말한다. 영어를 좋아하는 사람은 기꺼이 외국인들을 쫓아다니고 영영사전을 보면서도 어렵지만 재미있다고 말한다. 이들이 너무 특별한 사람들이라 공부를 재미있다고 말하는 걸까?

성인이 되어 늦게 다시 공부하는 사람들을 많이 만난다. 늦은 나이지만 자신이 공부하고 싶은 주제를 찾아 다시 학교로 돌아가 공부한다. 그들은 모두 공부가 재미있다고 말한다. 누가 시키지 않아도 밤을 새워 공부하고, 길을 가면서도 공부를 생각하고, 모두가 스마트폰에 빠져 있는 전철에서도 책을 꺼내 공부한다. 물론 이런 사람의 수가 절대적으로 적겠지만 그래도 최소한 공부가 재미있을 수도 있다는 말은 성립되지 않는가? 그렇다면 사랑하는 우리 아이도 공부를 즐기는 아이로 키울 수 있다는 말이 된다.

공부를 위한 색다른
'엄마의 말'이 필요하다

① 이건 뭐예요? 왜요? 어떻게 하는 거예요? 궁금해요.

② 몰라요. 싫어요. 그냥요. 됐어요. 몰라도 돼요. 안 궁금해요.

우리 아이는 둘 중 어떤 말을 하며 살고 있는가? 무심코 내뱉는 아이의 말이 이미 우리 아이의 공부 방향을 보여주고 있다. 호기심으로 배우며 즐기는 아이와 짜증과 무기력으로 가득 차 어떻게든 공부를 피하고만 싶은 아이는 이미 다른 쪽을 향하고 있다. 우리 아이는 어떤 방향으로 한 걸음씩 걸어가고 있는가?

'공부 때문에'라는 키워드로 인터넷 포털 사이트를 검색하면 우리 아이들이 공부에 대해 갖는 온갖 마음을 한눈에 볼 수 있다.

짜증 나요. 너무 힘들어요. 답답해요. 스트레스 받아요. 미치겠어요. 죽고 싶을 만큼 힘들어요. 미쳐버릴 것 같아요. 살기 싫어요. 죽고 싶어요. 자살하고 싶어요. 하루하루 숨통이 조여옵니다. 갑자기 우울해요. 울고 싶어요. 공부가 싫어요. 걱정이 많아요. 엄마한테 혼났어요. 엄마와 자주 싸워요. 한심해서 못 살겠어요. 불안합니다.

현재는 전체 수치가 표기되어 있지 않지만, 약 1년 전까지만 해도 이런 고민 상담 글이 거의 300만 건에 육박했다. 이 중에서 '공부 때문에 죽고'와 '공부 때문에 자살'이라는 말만 따로 검색해보아도 각각 6만여 건이 넘는 하소연이 넘쳐난다. 혹시라도 우리 아이가 외롭고 절망적인 마음을 엄마에게는 말하지 못하고 낯선 타인에게 위로와 힘을 얻기 위해 이렇게 글을 올려놓은 건 아닐까 반성하게 된다. 바로 지금 이 순간에도 아이는 공부와 성적, 부모님의 잔소리로 인해 괴로운 시간을 보내고 있는 건 아닐까?

애초에 배우고 깨닫는 일은 즐겁고 신나는 일이었다. 3~4세 아이들은 하루가 모두 배우고 알아가는 과정이다. 모르는 게 있으면 쉬지 않고 질문한다. 바로 ①의 말들을 수없이 반복하며 살았다. 그렇게 배우기를 좋아하던 아이들이 왜 ②같은 말만 로봇처럼 반복하며 살게 되었을까? 왜 이렇게 공부하고 배우는 일이 괴로운 일이 되어버렸을까?

분명 여러 가지 이유가 있을 것이다. 그중에서 가장 크게 영향을 미치는 것은 바로 공부가 시작되는 시기에 부모가 아이에게 하는 말이다. 하루에도 몇 번씩 무슨 글자인지 묻던 아이가 한글 학습지를 시작하자 서서히 질문이 줄어들지 않았는가? 하나, 둘, 셋 숫자 세기를 즐기며 다 세고 난 후 뿌듯해하던 아이가 어느새 숫자만 보면 싫다고 거부하지 않았는가? 만약 그렇다면 분명 아이를 재미없고 짜증 나게 만든 원인이 있었다는 말이다. 부모가 공부에 대해 잘못된 신념을 지니면 여러 가지 부작용을 낳는다. 싫어해도 억지로라도 시켜야 한다는 잘못된 생각이 아이를 더욱더 공부로부터 멀어지게 한다는 사실을 잊지 말자.

늘 강조하지만 가장 쉽고 간편하게 아이의 공부를 도와주는 방법은 바로 부모의 말이다. ①과 ②의 말도 모두 부모가 하는 말에서 영향을 받은 아이들의 말이다. 이제 공부를 위한 색다른 말이 필요하다. 공부를 시킬수록 공부가 싫다고 한다면, 공부라는 말만 꺼내도 인상을 찌푸리고 짜증을 낸다면, 엄마의 말이 달라져야 한다는 신호다. 공부를 위한 새로운 엄마의 말이 필요하다.

'질문'으로 달라지는
우리 아이 공부머리

아이들에게 하루 일과 중 스스로 선택한 일이 무엇인지 적어보게 했다. 이상하게도 아이들은 별로 써내지 못할 뿐 아니라 짜증을 내며 말한다.

> "가만히 생각해보니 제가 스스로 선택한 게 하나도 없는 것 같아요."

평소 그다지 즐겁지 못한 생활을 하고 있는 한 아이는 좀 더 격앙된 느낌으로 말한다.

> "태어나는 것도 내가 선택 안 했어요. 엄마 아빠도 내가 선택 안 했

어요. 학교 가는 것도 8살이 돼서 그냥 다니기 시작한 거예요. 학원도 엄마가 다니라고 해서 다녀요. 아, 짜증 나. 뭐든지 엄마 맘대로 해."

학습 동기는 아이의 자발적인 선택에서 발전하기 시작한다. 아이가 스스로 선택함으로써 자율적이고 주도적으로 무언가를 이루어가는 것이다. 거기서 느끼는 뿌듯함과 성취감이 공부와 친구 하며 살게 해준다. 그렇다면 어떤 대화가 아이가 스스로 선택할 수 있도록 이끌어주는 것일까? 바로 질문이다. 질문은 학습 동기를 키워주고 발전시킨다. 물어보는 게 뭐 그리 대단한 일이라고 행동 변화까지 생기겠는지 의아하다면 다음 사례를 살펴보자.

문제집을 하루 4쪽씩 억지로 푸는 아이에게 얼마만큼 공부하기를 원하는지 물었다. 아이는 눈치를 보며 말하기를 꺼린다. 엄마가 억지로 하는 공부는 소용이 없으니 진짜 원하는 만큼 공부하는 게 더 좋다고 말하니 아이는 그제야 2쪽만 풀겠다고 말한다. 엄마가 편안한 표정으로 원하는 만큼만 하라고 말하자 아이는 안심하는 표정으로 공부를 시작한다. 그런데 2쪽을 금방 풀고 나서 "좀 더 풀어야지" 하더니 기분 좋게 2쪽을 더 공부한다. 의무로 하던 4쪽은 늘 힘겨운 공부였는데 엄마의 질문으로 스스로 선택해서 하는 공부는 술술 잘 풀린다. 바로 이것이 질문과 자발적인 선택의 효과다.

동기란 특정한 행동을 하도록 만드는 원인이다. 우리가 어떤 행동을 하는 데는 모두 원인이 있다. 사람에 따라 그 원인은 모두 다르다. 어떤 사람은 관계 때문에, 어떤 사람은 자신의 성취를 위해 움직인다. 그러니 우리 아이가 무엇을 위해 움직이는지, 왜 행동하는지, 그 원인이 무엇인지 알기만 한다면 의외로 효과적으로 아이의 동기를 불러일으킬 수 있다. 주변의 공부 잘한다는 아이들이 어떤 동기로 잘하게 되었는지 원인을 잘 파악해보자.

A라는 아이가 어느 학원, 어느 선생님, 어떤 교재로 공부했더니 성적이 아주 많이 올랐다는 소문을 듣는다. 그러면 엄마는 만사 제쳐놓고 우리 아이도 바로 그대로 해야 할 것 같은 조바심이 든다.

하지만 바로 그때 우리는 잠시 멈추어야 한다. 그 아이가 공부를 하게 된 여러 요소 중 어떤 것이 진짜 동기가 되었을지 생각해보아야 한다. 공부를 정말 잘 가르쳐서인지, 아니면 그 선생님이 칭찬과 격려를 잘하는 분인지, 그 아이가 선생님을 좋아하게 되어서 열심히 하고 싶은 마음이 든 건지, 아니면 학원에서 친구들과 잘 어울리게 되어서인지. 무엇이 그 아이를 공부하게 만들었는지는 엄마의 '정보' 속에 포함되어 있지 않다. 그러니 일반적인 정보의 차원에서 한 단계 더 나아가 그 아이가 공부를 열심히 하게 된 핵심 동기가 무엇인지 파악해보는 것이 필요하다. 그런데 남의 집 아이가 어떤 지점에서 동기를 불러일으켰는지 알아내는 일이 만만치 않다.

늘 남의 집 아이들의 정보를 얻는 데 혈안이 된 엄마에게 질문한 적이 있다.

👩 "그런데 아이는 지금 공부하는 방식을 좋아하나요?"

"아이가 원하는 건 어떤 방식인가요?"

"아이는 어떤 변화를 원하는지요?"

"아이가 공부를 위해 엄마에게 바라는 건 뭔가요?"

"아이가 공부하는 데 필요한 엄마의 도움이 무엇인가요?"

엄마는 위 질문에 하나도 제대로 대답하지 못했다. 이유는 간단하다. 정작 우리 아이가 어떤 방식을 원하는지, 어떤 성격과 기질인지 알아보고 아이에게 맞는 방법을 찾으려 노력한 적이 없기 때문이다. 분주하게 아이의 공부를 위해 뛰어다녔지만 가장 중요한 정보는 우리 아이 마음속에 있는데 그걸 놓치고 있었으며, 그게 가장 중요하다는 사실조차 깨닫지 못했다. 우리 아이의 학습 동기를 키워주는 가장 좋은 방법은 먼저 아이에게 질문하고 아이의 선택권을 존중해주는 것이다.

👩 "오늘은 무슨 공부를 할까?"

"어느 공부를 먼저 하고 싶니?"

"언제 공부하고 싶니?"

"엄마가 어떻게 도와줄까?"

아이의 생각을 물어보는 질문은 아이가 자율적으로 선택하게 하는 것이다. 내가 선택했을 때의 책임감은 시켰을 때보다 훨씬 더 커지게 된다. 내가 선택했으므로 내가 하는 것이다. 아이가 주도적으로 자기가 결정하면 훨씬 더 잘할 수 있다. 그래서 선택이 중요하고 선택을 실천함과 동시에 주도성이라는 심리적 과업을 획득한다. 아이가 무엇을 하고 싶은지, 어떻게 하고 싶은지 질문하는 것은 매우 중요하다.

학교 다녀오면 숙제를 먼저 하라고 미리 정하고 시키지 말자. 아이에게 언제, 몇 시에 숙제를 할지 질문하면 된다. 아이가 숙제할 시간을 정하면 스스로 시작할 확률이 훨씬 더 높아진다. 아이도 공부를 잘하고 싶다. 그러나 자신에게 잘 맞는 방식이 어떤 것인지 막연히 느낌으로만 간직하고 있다. 아이가 좋은 대안을 말하게 하는 가장 좋은 방법은 엄마가 좋은 질문을 하는 것이다. 엄마의 좋은 질문은 아이에게 깊이 내재되어 있는 생각을 끌어올리는 마중물이 될 수 있다.

또한 질문과 대답을 통한 대화 방식은 곧바로 아이에게 가장 잘 맞는 학습 방식을 찾을 수 있게 한다. 평소 엄마와의 대화 내용이 그대로 학습 방법으로 응용된다면 가장 효과적인 학습법을 배우는 계기가 될 것이다. 그래서 질문은 엄마가 아이의 공부를 위해 사용해야 할 첫 번째 말이다.

공부라는 이름의 '공'을 누가 들고 있는가?

초등학교 1학년 찬수는 유치원 때까지는 학습에 대한 부담이 없고 마냥 행복한 아이였다. 그런데 학교에 들어가자 숙제도 많고 해야 할 것이 많아졌다. 생각대로 잘 안 되니 아이가 힘들어하기 시작했다. 엄마도 찬수가 다른 아이보다 잘하지 못한다는 마음이 들어 심리적으로 위축되었다. 다급해진 엄마는 무슨 공부를 할지, 어느 학원에 갈지, 집에서의 공부는 어떻게 할지 아주 세심하게 계획을 세웠다. 엄마가 주도적으로 아이의 학습 계획을 세워 이끌기 시작한 것이다.

초등학교에 들어가 이제 공부란 걸 시작하는 찬수에게 공부가 어떻게 느껴지기 시작했을까? 찬수는 10~20분이면 끝낼 숙제를 하는 데도 1시간이 넘게 걸린다. 심지어는 숙제하기 싫다고 울고 불고 난리가 난다. 별로 어려운 숙제도 아니다. 책을 보고 따라 글을 쓰거나, 수학 문제를 한두 쪽 정도 풀어가기만 하면 된다. 그런데도 숙제하기 싫다며 엉엉 운다. 일기 쓰기처럼 생각하며 해야 하는 과제라면 거부 반응은 더 심해진다. 결국, 1시간 이상을 질질 끌다 제대로 하지 못하고 혼나고 나서야 겨우 끝낸다. 물론 내용은 엉망이다. 이런 상황이 반복되니 아이는 점점 더 공부를 싫어하게 되고, 엄마는 공부 때문에 종일 노심초사한다. 이럴수록 아이만 더 다그치게 되니 강력한 악순환의 고리에서 맴돌게 될 뿐이다. 이렇게 힘겨워하는 찬수 엄마에게 한 가지 질문을 하였다.

👩 "찬수에게 공부를 어떻게 하고 싶은지 물어보셨어요?"
👩 "안 물어봤는데요."

그랬다. 찬수 엄마는 공부와 숙제하는 방법에 대해서 아이의 의견을 물어본 적이 없었다. 그렇다면 더 이상의 설명이 필요 없다. 그냥 아이에게 물어보는 것으로 시작하면 된다. 엄마는 찬수에게 어떻게 하고 싶은지 물었다. 그리고 찬수가 원하는 방식으로 언제 어떻게 숙제와 공부를 할지 계획표를 짜보라고 했다.

찬수는 처음엔 경계의 눈빛을 보였다. 하지만 엄마가 진심으로 찬수가 원하는 방식으로 힘들지 않은 방법을 찾는 거라 찬찬히 설명하니 그제야 안심하는 표정을 지었다. 찬수는 이제 망설임 없이 자기가 하고 싶은 대로 계획을 짜기 시작한다. 물론 아이의 계획은 대부분 '놀기'로 짜여 있다. 태권도 학원 가기, 놀기, 놀이터 가기, TV 보기, 게임하기. 그런데 그중에 '숙제하기'가 들어가 있다. 엄마가 아무 말도 하지 않았는데 계획에 그렇게 하기 싫었던 숙제를 스스로 집어넣은 것이다. 바로 그 점을 엄마는 칭찬해주었다.

> "그 시간에 하면 쉽게 할 수 있을 것 같아? 하기 싫었던 게 아니었구나. 잘하고 싶었구나."

이렇게 칭찬해주니 기특하게도 찬수는 그 시간에 맞춰 숙제한다. 더욱 놀라운 것은 예전에는 1시간이 넘게 걸렸던 숙제를 20분만에 끝낸 것이다. 신기할 뿐이다. 찬수의 이런 태도는 한 달이 지난 후에도 계속되었다. 게다가 숙제의 양이 2배 정도로 늘어났는데도 30분이면 뚝딱 해치웠다.

아이의 의견을 물어보는 것만으로도 찬수는 스스로 기분 좋게 숙제하는 모습으로 바뀌었다. 물론 질문만 한 것은 아니다. 숙제하겠다는 긍정적 의도를 칭찬해주었고, 조금이라도 노력하는 모습이 보일 때 더 열심히 지지해주었다. 그런 바람직한 대화와 상호작용이 쌓여가자 집에서의 생활 태도와 학교생활도 긍정적이고 활기차게 변해갔다.

공부를 공이라고 가정해보자. 공부라는 이름의 공이 이제 누구에게 가 있는가? 찬수 엄마는 이렇게 말했다.

👧 "아이가 가지고 있어야 할 '공부라는 공'을 제가 가지고 있었네요."

그렇다. 공부는 아이의 몫이다. 엄마가 끌어당기면 따라오는 것같지만 사실은 그렇지 않다. 힘들어도 공부를 해내는 아이, 공부 잘하는 아이, 더 나아가 공부에 재미를 느끼는 아이로 키우기를 바란다면 '공부라는 이름의 공'을 누가 가졌는지 잘 판단해보아야 한다. 숙제하라고 잔소리할 때, 학원에 보낼 때, 학습지 하라고 재촉할 때, 이 모든 경우에 아이가 공을 들고 있어야 그때부터 진짜 공부가 시작된다.

왜 '공부의 공'을 아이 자신이 가지고 있는 게 그렇게 중요할까? 엄마가 들고서 아이에게 따라오라고만 하면 안 되는 걸까? 제발 그러지 말자. 아이가 커간다는 것은 신체적 성장과 더불어 심리적 성장도 의미한다. 몸의 성장도 나이에 적합하게 커가야 하듯이 심리적 성장에도 각각의 시기에 획득해야 하는 발달 과업이 있다. 아이에게 질문하는 것이 중요한 이유는 바로 이 때문이다.

유아기의 심리적 발달 과업은 자율성과 주도성이다. 자율적으로 하고 싶은 일을 결정하고 주도적이고 적극적으로 무언가를 하게 된다면, 아이들은 스스로 뿌듯해하며 즐겁게 생활한다. 유아기에 익혀야 할 많은 것들은 공부와는 달리 활동적이고 기능적이어서 그리 어렵지는 않다. 하지만 그 과정에서도 일일이 지시하고 참견한다면, 자율적이지 못하고 시키는 것만 해야 한다면 눈치만 보게 되고 주눅 들어 배우는 일에 흥미를 잃게 된다. 재미가 없고 의욕도 없다. 그런 상태에서 공부가 시작된다면 더더욱 공부에 진저리를 치게 될 것이다.

그뿐만이 아니다. 자율성과 주도성을 획득하지 못하면 또 다른 부작용도 생긴다. 수치감이나 죄책감 같은 부정적 감정이 기저에 깔려 자신을 부끄럽게 여기거나, 남들보다 부족하고 모자란다고 느낀다. 할 줄 아는 것도 없고, 노력해도 되지 않을 것으로 생각하게 된다. 자신에 대해 이렇게 느끼고 생각하는 아이가 어떻게 공부를 좋아하고 잘 해낼 수 있겠는가?

발달과업이 잘 성취된 아이는 학습 동기가 높다. 자신이 스스로 선택할 수 있고 자신의 노력으로 좋은 결과를 얻을 수 있다는 걸 아는 아이는 배움이 즐겁다. 그런 아이가 어찌 공부하기를 꺼리겠는가?

아이를 공부의 주인공으로

코로나19로 달라진 환경에서 새롭게 대두한 말이 있다. '혼자 공부'다. 입시 전문가들은 이제 '혼(자)공(부) 시대'가 되었다고 말한다. 사실 알고 보면 전혀 새로운 말이 아니다. 자기 주도 학습, 스스로 학습이라는 말과 일맥상통한다. 원래 중요했으나, 지금 이 시점에 더 중요해진 이유가 있다. 면 대 면이 아닌 화면 속의 설명을 듣고 공부해야 하는 원격 수업은 평소 진정한 혼공 능력이 갖추어지지 않은 학생들에게는 심각한 학습 결손 문제로 번지고 있기 때문이다. 그리고 그 결정적인 차이는 공부에 대한 흥미 유무다. 공부가 지겹다고 생각했던 아이, 부모와 교사에 의해 끌려가는 공부를 했던 아이는 이 상황에 지혜롭게 적응하기가 어렵다.

모두가 그렇지는 않다. 공부가 재미있고, 스스로 공부할 줄 아는 아이들은 배움의 즐거움, 알게 되었을 때의 성취감으로 달라진 환경에서 큰 어려움 없이 공부해나간다.

'혼자 공부, 자기 주도 학습, 스스로 학습' 내 아이가 혼자서 스스로 알아서 공부만 한다면 무슨 걱정이 있으랴 싶다. 그렇지만 스스로 공부는 의지로만 되는 것이 아니다. 자기 스스로 공부하는 방법에 무지하다면 아이는 아무리 의지가 강해도 해내기 어렵다.

엄마가 시키지 않아도 알아서 척척 숙제하고 공부한다면 얼마나 좋을까? 어쩌다 남의 집 아이가 이렇다는 말을 들으면 엄마는 한참 동안 마음이 심란해진다. 아이가 스스로 공부하는 아이로 성장하기는 정말 어렵고 힘든 일일까? 그렇지 않다. 우리 아이를 학습의 주인공으로 만드는 방법은 의외로 쉽다. 그런데 간단하고 효과적인 방법을 알려주어도 실천하기가 쉽지 않다. 엄마가 아이 공부의 주인공 자리를 차지하고 있기 때문이다.

무엇을 공부할지, 언제 할지, 어떻게 해야 할지 엄마가 모두 결정해주면 아이는 시키는 대로 따라 할 수밖에 없다. 주인공이라면 스스로 생각하고 분석하고 더 잘하기 위해 노력하겠지만 꼭두각시 역할은 절대 그렇지 않다. 시키는 대로만 해야 한다. 조금이라도 벗어나게 되면 혼난다.

실제로 시키는 공부만 하며 자란 아이들은 학년이 올라갈수록 수동성이 더더욱 강해진다. 공부란 주어진 숙제를 하는 것이고, 숙제가 없는 날은 무슨 공부를 해야 하는지 전혀 모른다. 어떤 아이는 "숙제 없는데 왜 공부해요?"라며 반문한다. 시험 기간이 되면 학원에서 준비해주는 시험 스케줄을 따라가기만 하면 된다. 요약 정리된 프린트로 빨간 줄을 그으라는 부분에 긋고 별표 치라는 부분에 별표 쳐서 그것만 외운다. 그래서 얻은 성적이 좋으면 무척 기쁘다. 하지만 아이는 왠지 뿌듯하지 않다. 언제까지 이런 방식으로 공부할 수 있을지 스스로 자신이 없다.

수학 시험 시간에 친구의 답을 커닝한 6학년 아이가 있었다. 커닝한 걸 들키고서도 아이는 보지 않았다고 우겼다. 결국 상담실까지 오게 된 아이가 하는 말은 마음이 아프다. 아이가 울면서 말했다.

🧒 "무슨 수를 써서라도 성적만 잘 나오면 된단 말이에요. 안 들킬 수 있었는데 친구가 고자질해서 그랬어요."

성적에 대한 불안감이 어느새 아이의 도덕적 판단력까지 잠식하고 있었다. 성적에 따라 달라지는 엄마의 반응에 아이는 마음속 깊이 두려움이 깔렸고, 무슨 짓을 해서라도 성적만 잘 받으면 된다는 잘못된 생각에 사로잡혔다. 어쩌다 이런 지경까지 되었을까?

반대의 경우도 있다. 3학년 우빈이가 수학 학습지를 풀었는데 또 몇 문제가 틀렸다. 엄마는 습관적으로 이렇게 말했다.

👩 "문제를 안 읽으니 또 틀리지. 넌 왜 맨날 그래?"

그러다 아차 싶은 마음에 다시 말했다.

👩 "전에 보던 문제와 같다고 생각했구나."

엄마가 처음 한 말에 시무룩하게 고개를 푹 숙였던 아이가 슬며시 고개를 들더니 눈물을 글썽이며 이렇게 말한다.

🧒 "네, 몰랐어요. 아니 알았는데 생각 못 했어요."
👩 "미처 생각을 못 했구나. 문제마다 내용이 다 달라지는데 그럼 앞으로는 어떡하면 좋을까?"
🧒 "전에 엄마가 말한 대로 중요한 말에 밑줄 그을게요."
👩 "정말 그 말을 기억하고 있었어? 대단하다. 훌륭해."

그리고 나서 신기하게도 그 후부터 실수로 틀리는 일은 확실하게 줄었다. 엄마는 물론 그 점도 찾아내어 칭찬해주었다. 이렇게 엄마가 하는 말에 따라 아이의 마음이 180도 달라질 수 있다. 이걸 경험한 엄마는 아이의 마음속에 비밀의 열쇠가 있다는 사실을 확실하게 깨달았다. 엄마가 말을 바꾸니 아이가 스스로 문제를 해결하기 위해 대안을 생각해내기 시작한 것이다.

우빈이 엄마는 이제 방과 후의 시간이 훨씬 즐거워졌다고 말한다. "우빈아, 숙제 언제 할래?" 하고 선택권을 주면 아이는 "간식 먹고 30분만 쉬었다가요"라며 진짜 숙제를 한다. 스스로 하는 아이의 모습을 보는 엄마는 정말 행복하다.

생각해보자. 우리 아이가 주인공이 아니라 꼭두각시 역할만 한다면 어떨까? 아이러니하게도 엄마는 아이가 시키는 대로 움직여주기를 바란다. 엄마가 공부할 내용을 정해주고 공부 시간표도 짜주고, 그저 아이에게 엄마가 세워놓은 계획대로 움직이기만 하는 꼭두각시 역할을 원하는 건 아닌지 점검해보자. 공부의 주인공이 되어야 할 아이가 이런 역할을 하고 있다면 아이는 그저 멍하니 시간만 보내게 될 뿐이다. 시키는 대로 공부하고 설명을 듣기는 하지만 그때뿐이다. 기억에 오래 남지 않는다. 공부에 대한 동기도 없고 의미도 없으니 기계적으로 학교와 학원을 왔다 갔다 한다.

고등학생들과의 상담에서 마음을 표현하는 다양한 사진 카드를 놓고 현재 자신의 마음과 비슷한 카드를 골라보라고 했다. 정말 많은 아이가 피에로 사진을 골랐다. 자기 마음과는 상관없이 '억지웃음의 슬픈 공부 기계'로 전락한 것 같다고 말이다. 어떤 아이는 "엄마는 나보다 공부가 중요해요"라며 초점 잃은 눈으로 체념하듯 말한다. "무슨 말도 소용없어요. 우리 엄마는 절대 변하지 않아요"라는 말이 더 가슴이 아프다.

스스로 공부하는 좋은 습관을 지닌 아이들에게 누군가 공부를 억지로 시키면 어떤 기분이 드는지 물어보았다. 1초도 망설임 없이 이렇게 말한다.

 "절대 안 하고 싶죠."

가만히 놓아두면 스스로 먼저 공부하지 않을 거라 믿는 엄마가 많다. "공부하려고 했는데 엄마 때문에 하기 싫어"라고 말하는 건 공부하기 싫으니까 핑계 대는 것으로 생각한다. 절대 아니다. 물론 아직 동기도 부족하고 집중도 잘하지 못해 공부에 발동 걸리는 시간이 오래 소요되는 것은 사실이다. 하지만 아이의 말은 진심이다. 강제로 시키면 절대 안 하고 싶은 마음이 든다. 공부를 꼭 시키려 하는 엄마와, 시키면 하고 싶지 않은 아이의 악순환 속에서 진짜 공부는 더욱더 멀어진다.

이제 우리 아이를 주인공으로 만들자. 훌륭한 주인공은 스스로 인물을 분석하고 새로운 캐릭터를 창조해낸다. 대본이 있어도 대본대로 기계적으로 연기하지 않는다. 자신이 잘 표현할 수 있는 방법이 무엇인지, 어떻게 하면 가장 효과적으로 더 잘할 수 있는지 분석하고 연구한다. 신나고 즐겁게 몰입한다. 스스로 연습하고 미리 계획하며 의미 있는 시간으로 채워갈 수 있게 된다.

공부도 똑같다. 우리 아이가 공부의 주인공이 되어 스스로 공부하는 아이로 자라도록 도와주자.

중요한 사람이라는 느낌이 '열공'하게 한다

　미국의 심리학자이자 교육 운동가인 존 듀이는 "인간이 가진 본성 중 가장 깊은 자극은 '중요한 사람'이라고 느끼고 싶은 욕구다"라고 말했다. 공감이 간다. 누군가 나를 중요하게 생각한다면 그 사람을 위해 기꺼이 무언가를 행동할 수 있을 것 같다. 누군가에게 인정받고 내가 중요한 사람이라는 느낌이 우리를 움직이게 하는 강력한 동기가 된다.

　공부에서 아이가 스스로 중요한 사람이라고 느낄 때는 열심히 했다고 칭찬받을 때가 아니다. 자신의 공부가 다른 사람에게 도움이 되었을 때 뭔가 중요한 존재가 된 듯하다. 누군가를 가르쳐주는 것은 재미도 있고 의미 있게 느껴진다. 혼자 아는 건 재미없지만 다른 사람 앞에서 설명하거나 발표하고 나면 스스로 뿌듯하고 중요한 사람으로 느껴진다. 아이가 중요한 사람이라는 느낌이 들게 하는 매우 중요한 질문이 있다.

👧 "엄마에게 가르쳐줄래?"

이렇게 질문해보자. 아이가 학교에서 배운 것을, 아이가 좋아하는 책의 내용을 질문해보자. 뭘 배우고 기억하는지 질문하는 것보다 아이에게 엄마를 가르치는 역할을 주면 더 효과적이다. 구구단을 처음 배운 아이가 엄마에게 큰 소리로 물어본다. 아마 처음 배워서 노래로 부르니 재미있고 신기했나 보다.

👧 "엄마, 구구단 알아요?"
👩 "엄만 옛날에 배워서 잊어버렸어. 네가 좀 가르쳐줄래?"

그러자 아직 제대로 외우지 못한 아이가 계속 책을 봐가며 엄마를 가르친다. 엄마가 일부러 틀리자 더 신이 나서 알려준다. 때로는 이렇게 능청스럽게 모르는 척을 해보자. 엄마를 가르치는 아이의 두 눈은 초롱초롱 빛난다. 어느새 2단과 3단을 다 외운다. 아이들은 배워서 남 줄 때 스스로 중요함을 느낀다. 그런 느낌이 학습 동기를 불러일으킨다. 더 배우고 싶어진다. 공부하는 것이 재미있고 더 잘하고 싶어지는 것이다.

그런데 자신이 중요하다는 것을 경험하는 크고 작은 사건에서 아이의 동기를 불러일으킬 좋은 기회를 그냥 놓쳐버리는 경우가 너무 많다. 책에서 잘못된 글자를 발견한 두 아이가 있다. 엄마들의 반응을 통해 우리가 어떻게 해야 할지 생각해보자.

초등학교 2학년 윤석이는 책을 읽다가 잘못된 글자를 발견했다. 뭔가 대단한 걸 발견한 것 같은 신기한 느낌에 엄마에게 큰 소리로 말했다. 엄마는 "정말 글자가 틀렸네. 책 만들다 보면 그럴 수 있어" 하고 이야기한다. 더 이상 아무 말 없다. 윤석이는 잠시 뿌듯했지만 엄마가 더 이상 반응을 하지 않아 그저 별일 아닌 걸로 생각하게 되었다.

종현이도 책에서 잘못된 글자를 발견했다. "엄마 이것 봐요! 글자가 틀렸어요!"라며 큰 소리로 말했더니 엄마가 이렇게 말한다.

> "우와! 중요한 걸 발견했구나. 출판사 홈페이지에 들어가서 글자가 틀린 것이 있다고 알리자."

종현이는 엄마의 도움을 받아 출판사 홈페이지에 들어가 서툴지만 또박또박 어느 책의 몇 페이지의 몇 번째 줄에서 어떤 글자가 틀렸다는 것을 게시판에 올렸다. 며칠 뒤에 확인해보니 출판사 측에서 고맙다는 답변을 올려놓았다. 게다가 감사의 뜻으로 책을 선물로 보내주겠다고 연락처를 알려달라고 써놓은 것이다. 종현이에게 이것은 매우 중요한 사건이 되었다. 친구들에게도 자랑하고 친척 형들에게도 자랑했다. 종현이는 이후에 책을 더 꼼꼼히 잘 읽었다. 혹시라도 또 틀린 글자가 있는지 찾아보려는 의도도 있었지만, 무엇보다 정확하게 읽고 쓴다는 것의 중요성을 나름대로 깨달은 덕분이었다.

이렇게 똑같은 경험도 엄마가 어떻게 반응하는지에 따라 아이가 느끼는 중요도는 달라진다. 종현이는 자신이 매우 중요한 역할을 했다는 사실을 오래오래 기억했다. 이후로도 그런 역할을 하기 위해 노력했다. 이렇게 자란 종현이가 중학생이 되었을 때 비슷한 일이 또 생겼다. 교과서에서 특정 사건의 본문의 연도와 연대표의 연도가 잘못된 부분을 찾아낸 것이다. 수십 년 경력의 선생님께서 교사 생활 동안 교과서에서 오류를 찾아낸 학생은 처음이라며 칭찬하셨다. 당연히 종현이는 스스로 공부하는 능력이 매우 뛰어난 우수한 성적의 아이로 성장했다.

똑같은 상황에서 어떤 아이는 새롭게 배우고 뿌듯해하며 한 걸음 성장의 기회로 삼았다. 작은 일에서 아이들은 더 많이 배운다.

중요한 역할을 하고 그 성취 경험이 또다시 아이를 성장시키는 선순환의 경험을 잘 살렸으면 좋겠다.

초등학교 3학년 경수가 아침에 가방을 챙기는데 집에서만 공부하는 수학 문제집을 학교 가방에 집어넣었다. 그걸 보고 엄마가 물었다.

"왜 그 책을 학교에 가져가니?"

"짝이 수학 문제를 가르쳐달라고 해서요."

원래 엄마는 아이가 문제집을 가지고 다니며 쉬는 시간에 틈틈이 공부하기를 바랐다. 몇 번 시켜보았지만 아이는 짜증을 내며 가져가지 않았다. 그런데 친구가 부탁하자 기꺼이 스스로 선택해서 문제집을 가져간다. 게다가 챙겨 넣기 전에 책을 뒤적이며 살펴보기까지 한다. 아마 짝에게 설명해줄 부분을 미리 봐두려는 심산이지 싶다. 왜 엄마가 시키면 하지 않던 행동도 친구의 부탁으로 하게 되는 걸까?

경수는 친구를 무척 좋아하는 아이다. 친구가 자신에게 부탁했으니 기꺼이 도와주고 싶다. 경수에게 강력한 동기는 친구 관계에서 생겨남을 알 수 있다. 그러니 엄마가 경수의 학습 동기를 키워주는 데 필요한 행동은 친구와 함께 공부하게 하거나 친구에게 무언가를 가르쳐주게 하는 것이다.

미국의 교육학자 에드거 데일의 연구를 보자. 그는 배우는 방법에 따라 2주 후 그 내용을 얼마나 잘 기억하는지가 달라진다고 말한다.

읽으면 10%를 배우고, 귀로 들으면 20%를 배우고, 눈으로 보면 30%를 배우고, 귀로 듣고 눈으로 보면 50%를 배우고, 남들과 배운 것을 토론하면 70%를 배우고, 배운 것을 직접 경험하면 80%를 배우고, 남에게 가르치면 95%를 익히게 된다.

이 중 보고 듣는 것까지는 수동적인 역할이며 토론하고 경험하고 가르치는 활동은 적극적이고 능동적인 역할이다. 방법에 따라 이렇게 효과의 차이가 크다고 하니 지금 우리 아이는 어떻게 공부하고 있는지 점검해보자.

수동적으로 보고 듣는 공부는 그다지 효율적이지 못하다. 반면 남들과 토론할 때 학습 효과는 많이 높아진다. 읽거나 보거나 귀로 듣거나, 혹은 들으면서 보는 방식으로 3시간 공부하기보다 직접 생각을 말하고 경험하는 1~2시간의 학습이 더 효율적이다. 기억에도 훨씬 더 오래 남는다.

최소한 70% 이상을 익힐 수 있다는 토론식 학습의 시작은 바로 질문이다. 좋은 질문은 자연스럽게 토론으로 이어진다. 정답을 묻는 질문이 아니라 느낌과 생각을 묻는 질문이기 때문이다. 어떤 느낌이 드는지, 왜 그런 느낌이 드는지, 그래서 어떻게 하고 싶은지 등에 관한 이야기가 꼬리에 꼬리를 물고 이어진다.

또한 토론은 저절로 남에게 가르치는 역할도 경험하게 한다. 다른 사람이 내 생각을 다시 질문하면 자기 생각을 차근차근 근거에 맞추어 말하게 된다. 결국 95%를 익히게 되는, 가르치는 역할을 하는 셈이다. 누군가를 가르친다는 것은 어려운 일이지만, 자신이 아는 내용을 가르치는 것은 쉬운 일이고 더 잘 설명하기 위해 더 많이 공부하게 된다.

엄마의 질문은 펌프질하는 우물에서 물을 끌어올리는 마중물과 같다. 마중물을 부었으니 아이의 배움이 힘차게 시작될 것이다.

만약 아이가
질문을 싫어한다면?

 "질문이 좋다고 해서 자주 사용하는데 우리 아이는 왜 싫어할까요?"

질문이 좋다는 걸 아는 엄마는 질문을 자주 한다. 그런데 아이는 그 질문을 싫어한다. 원인은 크게 2가지다. 하나는 엄마가 정답을 요구하는 질문을 하기 때문이다.

예쁘게 핀 민들레를 보며 아이에게 "이건 뭘까?"라고 질문한다. '노란 꽃은 개나리'라는 것만 기억하는 아이는 자연스럽게 개나리라고 대답한다. 그런데 엄마가 기대한 것은 그게 아니다. 지난번에 그림책에서 민들레를 알려준 적이 있기 때문이다. 그래서 설명해준다.

"아니야 그게 아니지. 전에 그림책에서 본 적 있잖아. 이건 민들레잖아."

대답을 잘해서 칭찬을 받고 싶었던 아이의 마음에 엄마는 찬물을 끼얹는다. 아이는 엄마의 질문이 마음에 들지 않는다, 물론, 한두 번은 괜찮다. 하지만 이런 일이 끊임없이 반복된다면 어떨까? 아이는 더이상 엄마의 질문을 받고 싶지 않다. 질문이 곧 시험이 되고 날마다 시험 보는 일은 지겹고 힘들 뿐이다. 또 다른 이유도 있다. 질문이라는 이름을 빌려 아이를 혼내고 다그칠 때 사용하기 때문이다.

 "너 도대체 왜 그래? 언제까지 그럴 거야? 또 그럴 거니?"

이런 말은 물음표가 붙긴 했지만 질문이 아니다. 이런 방식의 꾸지람을 자주 들은 아이는 누군가 묻기만 해도 긴장하고 자기도 모르게 불안해진다. "자라 보고 놀란 가슴 솥뚜껑 보고 놀란다"라는 말처럼 엄마가 다른 걸 물어도 괜히 주눅이 들고 목소리가 기어들어간다. 그러면 엄마는 또다시 아이의 태도를 혼내고 상황이 더 어려워지기만 한다. 물음표를 붙인다고 해서 모두가 질문이 되는 것은 아니다. 말끝만 올린다고 질문이 되는 것은 아니라는 사실을 꼭 기억하자.

우리 아이가 질문을 싫어한다면 그동안 엄마가 무심코 한 말이 아이에게 전하는 메시지는 무엇이었는지 살펴보자. 아이가 학교에 갈 때 엄마는 이렇게 말한다.

 "선생님 말씀 잘 들어."

엄마가 자주 사용하는 이 말은 아이에게 어떤 의미를 전달할까? 선생님 말씀을 잘 들으라는 것은 집중하라는 의미도 있지만 선생님의 말씀이라면 무엇이든 수긍하고 그대로 받아들이라는 의미가 더 강하다. 궁금증을 가지지 말고 선생님의 말씀을 진리로 받아들이라는 말이다. 이렇게 길든 아이는 질문을 하지 못한다. 그뿐만 아니라 공부에 대한 흥미와 호기심을 가지기 어렵다. 학습에 대한 호기심은 궁금한 것이 있을 때 생기는데, 아이는 말 잘 들으라는 말 때문에 감히 손 들고 질문하는 것이 어렵게 느껴진다. 궁금한 것을 질문하는 일에는 큰 용기가 필요하다. 대부분 아이들에게 선생님 말씀을 잘 들으라는 말은 찍소리 내지 말고, 군소리하지 말고, 질문도 하지 말고 듣고만 있으라고 전달된다. 이제 이렇게 말해보자.

 "선생님 말씀에 궁금한 게 있으면 꼭 질문해."

그리고 질문하는 말도 가르쳐주자. "선생님, 질문 있어요. 질문해도 되나요?"라는 말을 가르쳐주면 아이는 아주 쉽게 질문을 활용할 수 있다. 가능하면 궁금할 때 바로 질문을 하는 것이 좋다. 하지만 질문할 상황이 아닐 때 질문하거나, 혼자만 여러 번 질문해서 수업 맥락을 끊는 것은 바람직하지 않다. 그럴 땐 질문을 기억했다가 쉬는 시간에 다시 질문하라고 가르쳐주자. 아이들은 질문을 하고 싶은데 못 하면 가슴이 답답하고 질문이 목구멍까지 올라와 있는 것을 느낀다. 궁금한 것은 참지 말라고 알려주는 것이 좋다. 조금 더 용기를 주기 위해 선생님들은 질문하는 아이를 무척 기특하게 생각한다는 말도 곁들여주기 바란다.

아이가 궁금한 것이 좋은 질문인지 나쁜 질문인지 속으로 고민하지 말고 표현하는 게 좋다는 사실도 알려주자. 좋은 질문을 하라고 가르치기보다 어떤 질문이든 좋은 질문이 된다는 사실을 알려주자. 가장 나쁜 질문은 질문을 하지 않는 것이다. 질문하는 태도가 우리 아이의 몸에 밸 수 있도록 도와주자.

2장

공부 자극

아이의 공부머리를 자극하는 육하원칙 대화법

선택이 학습 동기의 시작이다

🙎 ① 너 숙제 안 해? 숙제해야지.

　② 몇 시에 숙제하고 싶어?

위 2가지 질문에 어떤 생각이 떠오르는가?

①의 질문에 진정으로 해야겠다는 마음이 드는 아이는 별로 없다. 말하자마자 인상을 찡그리며 "아, 짜증 나" 혹은 "할 거라고요!"라는 반항 섞인 반응을 보일 뿐이다.

②의 질문에는 아이들이 좀 다른 반응을 보인다. 뭔가 생각하기 시작한다. 마음속으로 가장 적절한 시간을 찾고 선택한다. 이렇게 선택하고 결정한 아이들은 신기하게도 바로 그 시간에 스스로 숙

제하기 시작한다. ②의 질문에는 어떤 힘이 있길래 이렇게 아이의 마음이 달라지게 할까?

좋은 질문은 아이에게 선택의 자유를 누리게 하고, 자신의 선택이기에 더 잘 지켜내고 싶은 의욕을 샘솟게 한다. 이 간단한 원리를 모르고, 혹은 알지만 무시하고 그저 불안한 마음에 아이를 밀어붙이기만 하는 것은 아닐까? 선택의 자유를 빼앗긴 아이는 더 이상 강요받은 공부를 해내고 싶은 마음이 사라지게 된다.

스스로 공부하는 아이로 키우기 위해 꼭 짚어야 할 부분이 있다. 바로 우리 아이는 선택의 자유를 얼마만큼이나 누리고 있을까의 문제다. 사실 아이에게는 주어진 선택의 자유가 별로 없다. 우리 아이가 자발성이 부족해서가 아니다. 주도성이 키워지기도 전에 부모의 선택을 아이에게 강요하고 있기 때문이다.

물론 부모는 어떤 일이든 아이가 스스로 하겠다고 마음먹었을 때 가장 잘할 수 있고 즐겁게 할 수 있다는 사실을 너무 잘 알고 있다. 아이가 공부를 스스로 선택해서 하기만 한다면 최고의 선생님 밑에서 공부하는 것보다 훨씬 더 효과적으로 잘할 수 있음도 알고 있다. 그런데 이렇게 잘 알고 있는 비결을 왜 써먹지 못할까? 잘 안 되는 이유는 무엇일까?

엄마는 불안하다. 아이가 잘못된 선택을 하게 될까 봐, 너무 나

태한 선택을 하거나 턱없이 부족하게 공부할까 봐 걱정한다. 하지만 진실은 전혀 그렇지 않다. 아이가 선택하면 시작은 미약해도 한 걸음씩 걸을 때마다 발전하게 된다. 이제 올바른 첫걸음을 시작하자.

좋은 질문은 아이가 선택하게 한다. 바로 그 선택이 동기가 되어 아이는 열심히 하게 된다. 질문, 선택, 동기로 이어지는 일련의 과정이 아이가 성장을 위한 바람직한 행동을 하는 원동력이 된다. 몇 시에 할 건지 묻는 순간 아이는 자신의 의견을 존중해주는 엄마에게 감사하고, 자신이 언제 가장 편하고 즐거운 마음으로 할 수 있을지 판단한다. 엄마의 질문 한마디로 아이가 스스로 숙제하려는 마음을 갖는다.

좀 더 확장해서 생각해본다면 아이는 '스스로 공부하는 사람'이라는 자기 인식을 하게 되기도 한다. 결국 우리 아이를 성장의 방향으로 움직이게 하는 것은 엄마의 말이다. 그중에서도 아이의 마음과 의견을 물어보는 질문이다.

물론 아이가 좋은 선택을 하지 못하는 경우도 있다. 엄마는 애써서 질문하지만 아이는 자신이 무엇을 하고 싶은지 표현하지 못할 때도 있다. 이럴 때는 몇 가지 예를 들어주고 그중에서 선택하게 하면 된다. 그중에서 선택하기 어렵다면 아직 아이가 바라는 것이 예로 나오지 않은 것이다. 최소한 한 번 이상 아이가 선택하고 싶은 예가 나올 때까지 찾기 놀이하듯이 찾아가길 바란다. 그런 과정이 있어야 아이는 자신의 선택을 엄마가 존중해준다는 것을 제대로 알게 된다. 아이가 당당하게 미소 지으며 자신의 의견을 말하게될 때까지 계속하는 것이 가장 바람직하다.

이제 엄마의 어떤 질문이 아이가 생각하게 하고 현명한 선택을하도록 도와주는지 알아보자.

💬 육하원칙 대화의 힘

아이가 배우기 시작한다. 이때부터 아이가 공부의 주인공이 되어 하고 싶은 것을 스스로 하고, 즐겁게 놀면서 배우면 얼마나 좋을까? 과연 이렇게 가르치는 방법이 있을까? 당연히 있다. 공부가국어, 수학, 영어뿐이라는 생각에 갇혀 있지만 않으면 된다. 스스로 하게 하는 공부는 아이의 느낌과 생각을 존중해주는 일에서 시작된다. 아이가 하루 동안 접하는 모든 것이 공부의 대상이다. 새로 만나는 사물의 이름을 배우고, 친구 이름을 기억하고, 새로운 규칙을 배우고, 처음 보는 음식도 먹는다. 엄마가 교육에 관심이 있고올바른 교육을 생각한다면 우리 아이의 공부는 아주 성공적으로출발할 수 있다.

아이의 공부머리를 자극하는 가장 쉽고도 효과적인 방법은 바로 '질문'이다. 이 질문을 활용하는 가장 좋은 방법이 바로 '육하원칙'을 활용한 대화법이다. 아이와의 대화에 육하원칙을? 어쩌면 좀 의아할 수도 있겠다. 하긴 육하원칙은 보도 기사 등의 문장을 쓸 때 지켜야 하는 기본 원칙으로서 논리적 표현의 대명사로 쓰이니 말이다. 그런데 바로 이 육하원칙 질문을 아이와의 학습에 적용하면 아이에게 아주 적합한 공부 방법을 찾고 계획을 세우는 데 효과적으로 사용할 수 있다.

> 그들은 내가 아는 모든 것을 가르쳐주었다.
> 그들의 이름은 무엇을, 왜, 언제, 어떻게, 어디서, 누가이다.

육하원칙은 1907년 노벨문학상 수상자인 《정글북》의 작가 조지프 러디어드 키플링의 시에서 처음 표현되었다. 육하원칙을 잘 사용하면 그가 표현한 것처럼 우리에게 많은 것을 가르쳐줄 수 있다. 우리 아이의 학습에 응용하면 의외로 명쾌한 답을 얻을 수 있다.

육하원칙 질문의 부작용을 걱정하는 사람도 많다. 엄마가 아이를 가르치기 위해 마치 수사관이 범죄자를 수사하듯, 육하원칙을 이용하여 꼬치꼬치 캐묻고 따지는 질문으로 전락해버린 경우다.

이러면 아이들은 엄마의 질문에 입을 열지 못한다. 엄마가 잘못을 따지는 경찰이나 잘잘못을 가려서 판단을 내리는 판사의 역할을 하기 때문이다. 엄마는 아이가 힘든 게 무엇이고 이끌어주어야 할 건 무엇인지 생각하고, 숨어서 아이가 잘해나가도록 도와주는 수호천사 역할을 해야 한다.

잘못된 육하원칙을 버리고 이제 제대로 된 육하원칙 질문을 사용해보자. 아이의 느낌과 의견을 충분히 존중하면 아이가 스스로 자신에게 가장 잘 맞는 공부법을 찾을 수 있다.

왜 공부를 하고 싶니?

이유를 찾게 해주면 아이는 가만히 두어도 스스로 공부한다. 그래서 '왜' 공부하는지를 먼저 생각해보아야 한다. 아이에게 "넌 공부를 왜 하니?" 하고 물어보자. 최소한 이런 대답이 나오면 좋겠다.

> 😊 "재미있으니까요. 하고 나면 기분 좋잖아요. 공부해서 시험 잘 보고 싶어요."

이런 말이 아니라 "엄마가 시키니까요. 안 하면 혼나니까요"라고 말하는 아이의 공부 앞길은 험난하다. 그래서 어쩌면 '왜'라는 질문은 육하원칙의 첫 번째에 나와야 할 질문일 것이다. 하지만 공부를 하는 이유에 대한 이야기는 미래의 삶을 위한 것이라는 추상적 명제에 머물러 있기에 대화가 뜬구름 잡는 식으로 진행될 것 같아 걱정된다. 최소한 청소년 정도가 되어야 이런 대화가 가능하다. 어린 아이와의 대화라면 바로 지금 여기에서 공부하는 이유를 찾을 수 있으면 좋겠다.

몇 년 전 5살 꼬마 하영웅이라는 아이가 '비틀스 신동'이라는 이름으로 TV에 등장했다. 5살 된 아이가 비틀스의 〈Hey, Jude〉를 부른 영상이 유튜브에 소개되어 해외에서 먼저 유명해졌다. 아이의 관심은 온통 비틀스고 노래가 전부 영어니 어린아이가 그 뜻을 알고 싶어 영어에 관심을 갖기 시작했다. 아무도 시키지 않았다. 엄마는 아이가 비틀스에 관심을 두자 더욱더 지지하고 응원해주었다. 9살이 되었을 때는 영어 노래를 들으면 영어 가사를 받아쓸 줄 아는 정도의 실력이 되었다. 실제로 그룹 아바의 노래 〈I have a dream〉의 가사를 영어로 줄줄 써 내려가는 모습도 보였다.

SBS 〈영재발굴단〉에 출연한 10살 홍의현의 이야기도 흥미롭다. 뮤지컬 영화 〈레미제라블〉에 매료된 아이가 영어, 프랑스어, 한국어 3개 국어로 영화의 전곡, 장발장부터 코제트 역할까지 1인 8역을 모두 소화해 완벽하게 노래하는 모습을 보여주었다. 게다가 독

학으로 노래 공부를 하는 과정에서 영어 실력도 크게 좋아져 영국 연출가와 영어로 대화가 가능한 수준이 되었다.

이 아이들이 영어 공부를 열심히 한 이유는 무엇일까? 노래를 듣고 부르는 순간이 즐겁기 때문이다. 노래를 부르면 엄마 아빠, 할머니 할아버지가 행복하게 웃는 모습에 마냥 신이 나기 때문이다. 우리 아이도 이 아이들처럼 '바로 지금 여기'에서 즐겁게 공부할 수 있으면 좋겠다.

'왜?'란 공부하는 이유다. 내가 왜 공부하려고 하는지, 왜 공부해야 하는지 최소한 이유를 알아야 진짜 공부를 할 수 있다. 아이에게 보이지도 만져지지도 않는 미래를 위해 공부하라는 말은 별 소용이 없다. 아이는 지금 당장 왜 공부를 해야 하는지 알고 싶다. 이유를 알기만 한다면 공부할 수 있으리라 생각한다. 아이가 스스로 공부하는 이유를 '재미'에서 찾아보자.

〈영재발굴단〉이라는 TV 프로그램을 보면 특정 분야에서 영재성을 보이는 아이들이 계속 출연한다. 수학 천재, 바둑 천재, 그림 천재, 역사 천재, 과학 천재, 로봇 천재, 음악 천재……

부럽기만 한 그 아이들의 공통점은 바로 그 분야를 좋아하고 그렇게 공부하는 것이 즐겁다는 사실이다. 배우고 깨치며 더 알기 위해 노력하는 재미를 아는 아이들이다. 이 아이들의 공부 수준은 노는 수준이다. 특별히 타고난 재주가 있기 때문일 수도 있지만, 사실 우리 아이도 그럴 가능성이 있다는 증거도 많다.

실제로 일본의 요코미네 어린이집 아이들은 모두 어린이집을 졸업하기 전에 평균 2,000권의 책을 읽고 6살에 한자를 읽고 쓸 수 있으며 초등학교 때 전원 암산 1급에 합격한다. 공부뿐 아니라 운동 능력에서도 놀라운 재능을 보여 모두 자기 키보다 훨씬 높은 10단 뜀틀도 척척 넘는다. 모두가 영재 수준이다. 모두가 이런 수준에 도달할 수 있다는 건 놀라운 사실이다. 여기서 가장 중요한 점은 분명 모든 아이들이 갖고 태어나는 잠재력의 수준을 가늠해볼 수 있다는 것이다. 이 교육법의 창시자인 요코미네는 아이들의 능력을 이끌어내는 방법을 이렇게 설명한다.

> 아이가 스스로 할 수 있는 일은 재미있다. 재미있으면 연습한다. 연습하면 잘하게 된다. 잘하게 되면 더 좋아한다. 이제 더 수준 높은 단계로 나아가고 싶어진다.

공부하는 이유를 생각하면서 개그맨 김영철의 스토리가 마음에 와닿았다. 그는 해외 어학연수 한 번 다녀오지 않고 3년 만에 영어를 완전히 정복했다고 해서 큰 화제가 되었다. 그가 그렇게 늦은 나이에 영어 공부에 매진할 수 있었던 이유는 뭘까?

그의 꿈은 언젠가 미국에서 영어로 스탠딩 코미디를 하는 것이었다. 하지만 영어 공부를 시작하지는 않았다. 선진화된 개그를 배우고 싶어 '캐나다 코미디 페스티벌'에 참석했지만 언어 장벽에 부딪혀 아무것도 알아듣지 못하고 허무하게 돌아왔다. 그는 언젠가는 영어로 스탠딩 코미디를 하는 게 꿈이라고 공공연하게 말하고 다녔던 것이 창피하기만 했다.

그러다 다른 연예인으로부터 영어를 못한다고 무시당하자 오기가 나서 영어를 시작하게 되었다. 2003년 9월 1일 영어 학원 아침 회화반에 등록했다. 라디오 DJ, 개그와 연기까지 하다 보니 스케줄이 새벽까지 이어졌지만, 아침에 학원 가는 것만큼은 빠지지 않았다. "How are you?", "Good morning" 정도밖에 모르던 그때, 1시간 동안 진행되는 수업은 긴장과 부담 그 자체였다. 어떤 표현을 써야 할지 고민하는 새 시간이 훌쩍 지나갔다. 하지만 영어 실력을 향상시키기 위해 좀 더 뻔뻔하게 떠오르는 대로 말하고, 모르면 보디랭귀지라도 해서 물어보자고 결심했다. 외국인과 말 한마디라도 더 해보려고 펜을 일부러 바닥에 떨어뜨리고 "Excuse me"라며 너스레를 떨기도 하면서 공부를 해나갔다.

그는 이후 영어 전문 방송인 아리랑 TV의 MC로도 활약하게 된다. 그리고 처음 영어 공부의 목표였던 영어 스탠딩 코미디를 호주에서 멋지게 성공하였다. 현재 그는 8권 이상의 영어 관련 책을 낸 저자이기도 하다. 그에게 현재의 자신을 이루게 한 것은 바로 '왜'이다. 내가 왜 이것을 하려고 하는가에 대한 정확한 인식은 이렇게 큰 변화를 가능하게 한다.

 "왜 영어 공부를 하고 싶니? 왜 공부를 해야 한다고 생각하니?"

이런 질문은 자신이 왜 공부를 하려고 하는지 이유를 찾게 한다. 그 이유가 크고 멋진 꿈일 수도 있고, 수업 시간에 선생님의 질문에 당당하게 대답하고 싶어서, 혹은 좀 잘한다고 잘난 척하는 친구의 코를 납작하게 하고 싶어서일 수도 있다.

진짜 공부가 시작되면 중간중간 자신의 동기를 북돋워주는 계기는 늘 생긴다. 자신이 왜 이것을 하고 싶은지 이유를 찾고 있기 때문이다. 이유를 찾는 사람에게 이유는 꼭 생긴다. 우리 아이가 왜 공부를 하는지 이유를 찾게 해주자. 그것이 우리 아이를 공부하게 한다.

공부는 누가 하는 걸까?

공부를 한다는 것은 곧 '공부라는 공'을 아이 자신이 가지고 있어야 한다는 말이다. '공부의 공'을 우리 아이가 가지고 있는지를 살펴보면 아이가 진짜 공부를 하는지, 아니면 엄마의 성화에 못 이겨 공부하는 척하고 있는지 쉽게 알 수 있다. 엄마가 말한다.

👧 "숙제해. 공부했니? 학습지 또 밀렸지? 언제 공부할 거야?"

이 순간 엄마가 하는 말이 아이의 공부에 도움이 되는지 확인하는 가장 좋은 방법은 공부라는 공을 누가 들고 있는지 느껴보는 것이다. "공부해야지"라고 말할 때 공부의 공을 누가 들고 있는가? 분명 엄마가 들고 있음을 알 수 있다. 자기 주도적 학습의 가장 기본은 공부의 공을 아이가 들고 있는 것이다. 그다음에 공부를 좀 더 효율적으로 할 수 있는 여러 가지 방법을 배워야 한다. 그러면 정말 공부를 잘하게 된다. 아이에게 누가 공부해야 하는지 질문하자. 공부의 해답을 찾게 된다.

중학생인 한영이는 방학 때부터 열심히 공부하기로 마음먹었다. 다행히 집에서도 아이가 원하는 대로 지원해주어 과외도 두 과목을 더 하고 학원도 열심히 다닌다. 이렇게 빡빡한 스케줄로 일주일을 보낸 한영이에게 질문했다.

🧑‍🦰 "공부의 공을 누가 들고 있니?"

한영이는 순간 멈추고 생각했다. 열심히 하기로 마음먹었지만 여전히 자신은 누군가 시키는 대로 따라가기만 하고 있다는 것을 깨달았다. 공부의 공이 자신에게 있지 않고 학원 선생님, 과외 선생님이 들고 있었던 것이다. 다시 질문했다.

🧑‍🦰 "왜 네가 가지고 있어야 할 공이 선생님에게로 가 있을까?"
🧒 "글쎄요. 아마 시키는 대로만 하면 된다는 생각 때문이겠죠."

👧 "어떻게 하면 그 공을 다시 네가 가져올 수 있을까?"

👦 "정신을 차리고 있어야 할 것 같아요. 시키는 대로가 아니라 제가 무얼 해야 하는지 늘 생각하면 가능할 것 같아요. 공부를 공이라고 생각하니 머릿속이 확실해지는 것 같아요."

또다시 일주일이 지났다. 한영이의 얼굴이 전보다 밝고 확신에 차 있다. 다시 질문했다.

👧 "공부의 공을 누가 가지고 있니?"

👦 "당연히 제가 가지고 있죠."

누가 공부를 하는가는 주인공이 누구인가를 질문하는 것이다. 누구나 자기 인생에서는 주인공이다. 엄마나 선생님이 주인공의 역할을 빼앗으면 안 된다. 아이가 자신의 역할을 잘 지키고 있어야 학습이 가능해진다. 자신의 공을 엄마나 선생님에게 맡겨버린 아이도 학습은 하고 있다. 하지만 그렇게 계속 진행된다면 아이의 미래는 어떤 모습일까?

💬 엄마가 바라는 아이의 미래는 어떤 모습일까?

엄마들과 가치관 경매 수업을 해보았다. 20~30명 정도로 이루어진 다섯 그룹 약 100명의 엄마가 참여했다. 각자에게 가짜 돈 10만 원을 제공하고 우리 아이에게 꼭 필요한 것을 엄마가 사준다면 어떤 것에 입찰하겠는지 질문해보았다. 엄마들은 20가지 품목 중에서 우리 아이에게 꼭 필요한 것을 골랐다.

대부분의 엄마는 가장 먼저 '공부 잘하기'를 마음속으로 찍고 다른 항목을 살펴보기 시작했다. 그런데 이상하게 생각하면 생각할수록 공부보다는 다른 것이 더 중요하게 여겨졌다.

경매가 시작되었다. 자신에게 주어진 10만 원을 적절히 나누어 몇 개의 품목에 투자하는 사람도 있고 한 가지에 전부 투자하는 사람도 있다. 그런데 의외였던 점은 '공부 잘하기'에 10만 원을 모두 투자한 사람이 100명 중 5~6명밖에 되지 않았다는 점이다.

처음엔 '공부 잘하기'에 투자하려 했지만, 곰곰이 생각해보니 아이가 평생을 살아가는 데 더 중요한 것이 눈에 들어오기 시작한 것이다. 공부만 잘하면 다른 일이 생겼을 때 오히려 삶이 더 힘들어질 것 같아 불안해졌다. 공부는 좀 부족해도 살아가면서 공부보다 더 중요한 것에 대해, 그리고 어쩌면 평생 공부하는 자세로 살아가기 위해서도 더 근원이 되는 중요한 것에 대해 고민하게 되었다.

가치관 경매 품목

날짜 :   이름 :

	품목	나의 최초 할당 금액	나의 최종 입찰액	최고 낙찰액	낙찰자
1	친구 도와주기				
2	남에게 인정받기				
3	돈 잘 버는 부모님				
4	내 말 잘 들어주는 친구				
5	많은 친구들				
6	도움 요청하기				
7	공부 잘하기				
8	자신감				
9	웃기고 잘 놀아주는 아빠				
10	친절하고 음식 잘하는 엄마				
11	사이좋은 부모님				
12	운동 잘하기				
13	노래 잘하기				
14	그림 잘 그리기				
15	노는 시간				
16	내가 원하는 학원 다니기				
17	재미있는 선생님				
18	멋진 자동차				
19	용기				
20	정직함				

가치관 경매 결과, 많은 친구들, 내 말을 잘 들어주는 친구, 자신감, 용기, 정직함을 가장 중요하게 생각하고 투자하는 엄마가 더 많았다.

왜 이런 현상이 나타날까? 엄마인 우리는 당장엔 아이의 성적에 따라 희비가 엇갈리지만, 우리 아이가 살아가면서 공부하게 만들고 공부를 지속할 수 있는 근원은 다른 데 있다는 사실을 알고 있기 때문이다.

용기와 자신감, 정직함을 지닌 아이는 공부의 동기가 생기면 언제라도 공부를 시작할 수 있다. 물론 공부를 잘하면 너무 좋다. 하지만 아이러니하게도 그게 전부가 아니라는 사실을 알아야 우리 아이가 공부의 주인공이 될 수 있다. 공부를 전부로 생각하면 엄마가 아이의 공을 빼앗을 위험이 크다. 아이가 스스로 주인공이 되도록 놓아두기가 어려워진다. 엄마가 다른 가치의 중요성을 깨달을수록 아이가 공부의 주인공으로 자기 역할을 잘 수행해갈 수 있다.

> "공부는 왜 하는가?"
> "공부는 누가 하는 것인가?"

이 두 질문은 엄마가 아이에게, 아이가 자기 자신에게, 엄마가 스스로에게 꼭 질문해야 하는 것이다. 왜? 누가? 하고 2가지를 질문하고 나면 나머지 질문은 순서가 상관없어진다. 아이의 개성에 따라 얼마든지 순서를 바꾸어 질문해도 좋다.

언제 공부하고 싶어?

엄마는 아이의 일과를 머릿속으로 계획하고 있다. 학교에 다녀오면 씻고 간식 먹고 학원에 가기 전에 숙제를 먼저 하기를 바란다. 그런데 바로 여기에서부터 아이와 마찰이 생기기 시작한다. 아이는 먼저 쉬거나 놀고 싶고 엄마는 숙제를 먼저 해놓기를 바라니 당연히 문제가 생길 수밖에 없다. 엄마가 억지로 숙제를 시키면 그때부터 악순환이 시작된다. 지금 하기 싫은 숙제를 억지로 하려니 30분이면 끝날 숙제가 1~2시간을 잡아먹게 된다.

문제는 숙제를 못 하는 데만 있지 않다. 이 문제로 시작되는 악순환이 더 큰 문제다. 숙제를 제대로 하지 못한 상황에서 이제 학원을 가야 한다. 기분이 나빠졌으니 학원에서 공부가 잘될 리 없다.

설명을 듣거나 문제를 풀어도 여전히 집중하지 못하고 건성건성 풀게 된다. 다시 집으로 돌아와 저녁을 먹지만 아이도 엄마도 기분이 좋지 않다. 이제 좀 놀고 싶은 아이와 숙제와 공부를 제대로 하기를 바라는 엄마는 또 실랑이를 벌인다.

이렇게 종일 엉망인 상태가 된다. 엄마는 아이가 벌써 이렇게 공부하기를 싫어하니 걱정이 태산이다. 불안감에 휩싸여 가만히 있을 수가 없다. 이제 실랑이가 아니라 전쟁 같은 다툼이 일어나기도 한다. 이럴 때는 간단한 질문으로 쉽게 해결할 수 있다.

👧 "언제 숙제하고 싶니?"

물론 엄마가 숙제를 언제 해야 한다는 정답을 가지고 있으면 질문이 소용없다. 혹은 엄마와 아이의 감정싸움이 지속되는 상황이라면 조금은 감정의 부대낌이 있을 수 있다.

그럼에도 아이의 의견을 존중하는 이 질문은 아이로 하여금 생각하게 하고 스스로 판단하게 한다. 엄마는 아이가 오늘 하루 중 숙제와 공부를 하기만 하면 된다는 좀 더 넓은 마음을 가져야 한다. 이런 마음을 갖는 것 또한 간단하다. 아이와 싸우기를 원하는가? 아니면 아이가 숙제를 하기를 원하는가? 엄마 자신이 진짜 원하는 것이 명확하다면 쉽게 해결할 수 있다. 그래도 아이가 숙제를 먼저 해야 한다고 생각하는 엄마라면 일단 한 번만 시도해보기를 바란다. 한 번이라도 아이가 기분 좋게 숙제와 공부를 거뜬하게 해내는 걸 보면 엄마가 생각을 조절하기가 훨씬 쉬워질 테니 말이다.

어디서 하고 싶니?

육하원칙의 나머지 질문들은 이제 활용하기가 무척 수월해진다. 굳이 하나씩 따로 떼어서 질문하지 않아도 한두 가지 질문에서 아이가 자신의 의견을 존중받고 그대로 실행할 자유가 있다는 것을 확신하면 스스로 먼저 답을 말하기도 한다.

"어디서 하고 싶니?"는 공부하는 장소를 물어보는 것이다. 공부는 당연히 책상에서 해야 한다고 생각하지 말자. 아이의 마음은 너무나도 다양하다. 일부러 준비한 책상이 있어도 아이가 공부가 잘되는 장소, 혹은 공부하고 싶은 장소는 다를 수 있다. 엄마랑 마주보며 식탁에 앉아서 하기를 좋아할 수도 있고, 아빠가 사용하는 책상에 앉아서 하고 싶어 할 수도 있다.

명문 대학에 진학한 은정이가 공부를 처음 시작할 때 가장 좋아한 장소는 거실에 펴놓은 작은 탁자였다. 그곳에 엄마랑 동생이랑 함께 둘러앉아 책도 보고 색칠하거나 줄을 긋는 학습지로 공부했다. 그러다 퇴근하는 아빠를 반갑게 맞이하던 일은 은정이에게 공부란 즐겁고 행복하다는 이미지를 주었다.

우리 아이가 어디서 공부하고 싶은지 꼭 물어보기를 바란다. 정해진 장소에서 해야 한다고 생각한다면 조금만 생각을 바꾸어보기를 권한다. 아이가 원하는 장소에서 공부하는 것을 몇 번만 허용해보자. 그러고 나서 아이를 관찰해보면 된다. 공부하는 아이의 눈빛이 분명 예전과 다르다는 것을 알 수 있다.

요즘에는 공부는 학원에서만 하는 것이라고 생각하는 아이가 대부분이다. 물론 숙제는 집에서 하겠지만, 누군가 가르쳐주는 것만이 공부라는 생각에 길들여지고 있는 셈이다. 참으로 씁쓸할 뿐 아니라, 공부의 본질에서 한참을 벗어나고 있는 위험신호이기도 하다. 계속 강조하지만 수동적 공부는 진정한 공부로 발전하기 어렵다. 진정한 공부는 집에서 스스로 하는 것이고, 사교육은 스스로 공부에서 부족한 부분에 대해 도움이 필요할 때만 일정 기간 활용하는 것이 건강한 방식이다.

결국, 어디서 공부할 것인가라는 질문은 단순히 물리적 공간만의 문제가 아니다. 무슨 공부를 어떻게 공부할 것인가라는 문제와 강렬하게 연결되어 있다. 또한 공부와 숙제의 구분을 요구하는 질문이기도 하다.

공부와 숙제는 분명히 다르다. 간단하게 구분하면 공부는 자신이 모르는 것에 대해 스스로 계획을 세우고 실천하고 목표를 성취해가는 과정이고, 그걸 도와주기 위한 것이 숙제다. 그러니 숙제는 공부에 속한다. 하지만 공부하도록 하려는 목적으로 활용하는 숙제는 어느새 의무가 되면서 그저 양만 채우면 되는 하수의 공부로 전락하고 말았다. 그런 방식의 숙제라면 오히려 학습 동기를 갉아먹고 있음을 기억하자.

물론 숙제 자체에 문제가 있는 것은 아니다. 궁극적으로는 숙제도 진짜 공부처럼 하는 아이로 키우면 좋겠다. 스스로 숙제하면서 모르는 건 꼼꼼히 다시 풀어보고, 질문하거나 해설서를 보며 이해하고 다시 한번 더 풀어가며 공부하는 아이도 있다. 그야말로 숙제를 공부로 승화시키는 것이다. 우리 아이가 그렇게 커가면 좋겠다.

무슨 공부를 하고 싶니?

아이가 하고 싶은 공부는 무엇일까? 하루 중 아이가 해야 하는 공부의 목록은 누가 정하고 있나? 무슨 공부를 할지 그 결정권을 아이에게 맡기기란 무척 어려운 일이다. 하지만 아이의 나이를 고려해서 방법을 약간 달리한다면 아이들도 충분히 자신이 무엇을 할지 자율적이고 주도적으로 결정할 수 있다.

우리 아이는 기본적으로 해야 하는 숙제를 제외한 다른 주제의 공부를 제대로 해본 적이 있는가? 호기심과 궁금증으로 더 많은 새로운 지식을 알고 싶어 책과 자료를 찾아보는 것이 진짜 공부다. 바로 이런 공부를 해본 적이 있는가? 재미있어서 수학 퀴즈를 풀고 과학과 역사책을 찾아보는 것이 바로 이런 공부다. 그러니 아이가 진짜 공부할 줄 아는 아이로 자라길 바란다면 이렇게 질문해보자.

> "무슨 공부를 하고 싶니?"
> "네가 좋아하는 로봇에 대해 더 공부해볼까?"

책을 더 찾아볼 수도 있고, 인터넷을 검색해볼 수도 있다. 관련 영화나 영상 자료를 보면서 지식의 수준을 높여갈 수도 있다. 그리고 아이가 아는 내용을 강의하듯 설명하게 하고 가족들이 들으며 질문하고 토론하는 방법은 더할 나위 없이 훌륭한 공부법이다. 이런 자유로운 공부 방식을 아이가 선택하고 실천해간다면 얼마나 좋을까?

무엇보다 중요한 것은 아이가 하고 싶어 하는 것, 배우고 싶어 하는 것, 재미있어하는 것, 궁금해하는 것을 공부하도록 도와주는 일이다. 그리고 당부하고 싶은 것은 요즘 아이들의 관심사가 주로 게임과 유튜브로 국한되어 있지만, 그런 관심사를 건설적으로 키워갈 수 있도록 도와주는 것이 바로 부모의 역할이기도 하다. 유튜버가 되고 싶은 꿈을 가진 아이라면, 영상 찍는 법, 편집하는 법, 저작권에 대해, 혹은 타인을 함부로 찍거나, 허락 없이 친구 얼굴이

찍힌 영상을 올리면 안 된다는 사실을 배우는 것까지도 모두 포함이 된다.

이런 방식의 공부를 초등학생 때부터 경험한다면 아이는 앞으로 살아가면서 어떤 주제든 공부하고 싶은 동기만 생긴다면 얼마든지 공부할 줄 아는 공부 능력자로 발전해가게 될 것이다.

이 질문을 교과 공부에도 적용해보자. "무슨 공부를 먼저 하고 싶니?"라고 물어보자. 무엇을 먼저 하고 나중에 할 것인지, 무엇을 더 많이 하고 싶은지 판단하고 결정하는 것도 아이의 몫이다. 엄마가 분량을 정해주고 실천하게 하는 것은 아이를 숨 막히게 한다.

어떤 과목은 관심이 있어 좀 더 많이 하기를 원하고, 싫어하는 과목은 적게 하거나 아예 하지 않으려고 하는 경우가 생기기도 할 것이다. 이럴 땐 아이가 좋아하는 과목을 원하는 만큼 할 수 있도록 허용해주는 것이 좋다. 자신이 좋아하는 공부를 더 많이 하는 아이는 분명 그 과목에서는 원하는 성취를 이룰 것이다. 한 가지 과목에서 성취감을 느낀 아이는 다른 과목도 최소한 체면 유지 차원에서라도 관심을 두게 된다. 그렇게 하나씩 천천히 이루어가는 것이 좋다.

모든 걸 다 잘해야 한다며 쫓기는 마음에 초등학교 때부터 아이를 다그치고 선택권을 존중해주지 않으면, 어느 순간 아이는 공부를 전부 포기한다. 초등학교 때 그렇게 잘하던 아이가 중학생이 되어 공부와 담을 쌓고 엉뚱한 길로 빠져들었다는 이야기를 무척 많이 듣는다.

그뿐이 아니다. 공부에서 좌절한 아이는 마음 붙일 곳 없이 방황하다 말도 안 되는 엉뚱한 일탈을 일삼게 된다. 정말 안타까운 일이다. 자신의 능력을 잘 발휘하여 나라와 인류에 공헌할 수도 있는 아이가 잘못된 양육 방법 때문에 엉뚱한 곳에 자신의 능력을 죽이고 있으니 말이다. 한마디로 국가적 손실이다.

부디, 아이가 원하는 것을 공부하게 하자. 원하는 만큼 공부하게 하자. 분명 공부를 좋아하고 잘하는 아이로 성장할 것이다.

어떻게 하고 싶니?

우리 아이의 공부머리를 키우고 싶다면 닫힌 질문보다는 열린 질문이 효과적이다. 닫힌 질문이란 정답이 하나밖에 존재하지 않는 질문이다. "예, 아니요"로 대답할 수 있는 질문처럼 더는 생각할 여지를 주지 않고 하나로 즉시 답할 수 있는 질문을 말한다.

 "밥 먹었니?"

"숙제했니?"

"학원 갔다 왔니?"

"한글을 만드신 분은 누구지?"

"삼국 통일을 이룬 나라는?"

이런 질문이 닫힌 질문이다. 우리는 정말 너무 많은 닫힌 질문을 받으며 산다. 특히 우리 아이들은 하루 종일 닫힌 질문만 들으며 산다고 해도 과언이 아니다. 그러면 학교나 학원에서 공부할 때는 좀 다른 질문을 받을 수 있을까? 별로 그렇지 못하다. 공부에 관련된 질문 대부분은 단답형의 정답을 요구한다.

다음은 초등학교 2학년 국어 문제다.

사용설명서나 신문처럼 생활에 도움을 주는 글에는 어떤 것들이 있는지 두 가지만 쓰세요.

여기서는 2가지의 답을 요구하지만 정해진 답을 요구하는 것이니 닫힌 질문이다. 물론 배운 지식을 확인하고 기억하게 하려고 사용하는 경우에는 닫힌 질문도 나쁘지 않다. 하지만 우리 아이가 생각하게 하고 흥미를 느끼게 하고 좀 더 발전하게 한다는 의미에서 닫힌 질문은 그다지 도움을 주지 못한다. 오히려 틀릴까 봐 긴장하게 만들고 잘 모르는 경우엔 주눅이 들게 한다.

닫힌 질문의 부작용은 또 있다. 닫힌 질문 방식에만 길든 아이들은 생각하기가 어렵다. 생각을 요구하는 열린 질문 형식을 많이 불편해한다.

그래서 "우리 반 친구들이 사이좋게 지내려면 어떻게 하면 좋을까?"라는 열린 질문에 대부분 아이들은 "몰라요. 상관없어요"라고 하거나 심지어는 생각하기가 귀찮아 "사이좋게 안 지내도 괜찮아요"라고 대답한다. 그러니 꼭 지식을 확인해야 하는 경우를 제외하고는 닫힌 질문보다 열린 질문을 좀 더 많이 활용하는 것이 바람직하다.

열린 질문이란 정답이 존재하지 않는 질문이다. 거꾸로 말하면 무엇이든 정답이 될 수 있는 질문을 말한다. 한마디로 무수히 많은 답변을 유도하는 것이 열린 질문이다.

① 만약 시험이 모두 없어진다면 어떤 현상이 생길까?

② 공부를 못하는 친구와 짝이 되면 어떤 점이 좋을까?

③ 더해서 10이 되는 경우는 얼마나 많을까?

위 질문에 대한 답이 한 가지만 떠오른다면 아직 생각하는 데 익숙하지 못해서다. 천천히 자꾸 생각해보면 10가지도 넘는 답이 떠오르기 시작한다.

질문 ③에 대한 답이 5가지(1+9, 2+8, 3+7, 4+6, 5+5)뿐이라고 생각한다면 생각이 초등학생 수준에 머무르고 있는 것이다. 생각의 수준을 좀 더 올려보자. 처음엔 자연수만 더해서 10이 되는 경우를 생각하지만 서서히 분수나 소수, 정수, 유리수로까지 범위를 확대할 수 있게 된다. 결국 더해서 10이 되는 경우는 무수히 많다. 흥미롭지 않은가? 이렇게 열린 질문은 아이가 미처 생각해보지 못한 것을 생각할 기회를 제공한다. 재미있는 새로운 생각과 만날 수 있고 호기심이 자극되어 더 많이 생각하게 한다.

이제 닫힌 질문을 열린 질문으로 바꾸는 연습을 한번 해보자. "3 더하기 7은 얼마입니까?"라는 질문에는 10이라는 답 이외에 다른 답은 없다. 열린 질문으로 바꾸려면 "더해서 10이 되려면 어떻게 해야 합니까?"라고 질문하면 된다.

실제로 아이에게 수학을 가르칠 때 우리는 닫힌 질문 방식의 문제를 풀게 한다. 수학 계산의 정확도를 위해 연습하는 의미에서라면 필요하기도 하겠지만, 아이가 공부를 좋아하게 하고 지속해서 공부에 대한 호기심과 동기를 키워나가기 위해서는 닫힌 질문 방식이 아니라 열린 질문 방식의 학습이 훨씬 더 바람직하다.

💬 "어떻게 하고 싶니?"의 마법 같은 힘

"어떻게 하고 싶니?"라는 질문은 공부하는 방법을 말한다. 물론 공부뿐 아니라 아이가 경험하는 모든 활동에서 이 질문은 매우 유용하다. "공부했니?"라는 닫힌 질문에는 "네, 아니요" 밖에 없다. "오늘 새로 배운 건 뭐니?"라는 열린 질문에는 얼마든지 많은 이야기가 나올 수 있다. "숙제 빨리 안 해?"라는 닫힌 질문에는 짜증 섞인 응답이나 궁색한 이유나 변명밖에 나올 것이 없다. "시간이 부족한데 숙제를 다 하려면 어떻게 하면 좋을까?"라는 열린 질문에는 근거를 가진 대안이나 해결책을 생각할 수 있다.

아이가 자기 생각을 말하지 못한다고 답답하게 생각하기 전에 엄마의 질문이 어떤 질문이었는지 먼저 생각해보는 것이 좋겠다. 잘못된 질문에는 잘못된 답이 돌아올 뿐이다. 너무나도 큰 잠재력을 가진 우리 아이를 시키는 것만 따라 하는 수동적인 인간으로 만들지 않기 바란다. 이제 아이가 자기 생각을 충분히 표현할 수 있는 열린 질문으로 바꾸어 질문하면 좋겠다.

열린 질문은 학습과 생활 전반에 걸쳐 응용할 수 있다. 인간은 무한한 잠재력을 지니고 있지만 안타깝게도 잠재력은 저절로 나오지 않는다. 잠재력이 충만한 아이의 내면에는 하나의 정답만 있는 것이 아니라 무수히 많은 정답이 있다. 그 많은 정답을 끌어내기 위해서는 일상에서 수시로 열린 질문을 하는 것이 꼭 필요하다.

 "원격 수업을 좀 더 효과적으로 하려면 어떻게 하면 좋을까?"

"어떻게 하면 수업 시간에 잘 집중할 수 있을까?"

"선생님과 친해지려면 어떻게 하면 될까?"

"수학 성적을 올리려면 어떻게 하면 좋을까?"

"공부해야 하는데 친구가 놀자고 할 땐 어떻게 하면 좋을까?"

"재미있는 TV 프로그램을 보는데 엄마가 심부름을 시키면 어떻게 하는 것이 좋을까?"

아이가 개선하기를 바라는 점, 혹은 수시로 일어나는 작은 문제들에 대해 평소에 열린 질문으로 대화해보자. 그래도 열린 질문을 활용하기가 쉽지 않게 느껴진다면 열린 질문으로 놀이를 만들어 사용해보는 것도 좋다. 아이들이 좋아하는 젠가 게임에 질문지를 붙여서 활용하거나, 종이 카드에 열린 질문을 써서 모두 접은 다음 가위바위보로 하나씩 집어 질문에 답하는 게임도 좋다.

열린 질문을 게임에 응용할 때는 부모나 교사가 미리 만들어 사용하는 것도 좋지만, 아이의 참여를 이끌어 더 역동적인 대화를 나누려면 아이와 함께 만드는 것이 좋다.

"_____할 땐 어떻게 하면 좋을까?"라는 문장을 열린 질문의 기본형으로 제시하고 빈칸에 들어갈 질문을 함께 만들어서 사용하면 된다.

👧 <u>엄마가 화낼 땐</u> 어떻게 하면 좋을까?

<u>동생이 괴롭힐 땐</u> 어떻게 하면 좋을까?

<u>친구가 귀찮게 할 땐</u> 어떻게 하면 좋을까?

<u>시험을 못 봤을 땐</u> 어떻게 하면 좋을까?

<u>학원에 가기 싫을 땐</u> 어떻게 하면 좋을까?

<u>선생님이 무서울 땐</u> 어떻게 하면 좋을까?

<u>수학을 잘하고 싶을 땐</u> 어떻게 하면 좋을까?

<u>친구랑 놀고 싶을 땐</u> 어떻게 하면 좋을까?

<u>원격 수업 듣다 다른 유튜브를 보고 싶을 때</u> 어떻게 하면 좋을까?

<u>속상한 일이 생기면</u> 누구에게 의논하면 좋을까? 이유는?

<u>힘든 일이 생기면</u> 누구에게 도움을 요청하면 좋을까? 이유는?

이제 좀 더 구체적으로 공부 방법에 대해 알아보자. 초등학교 3학년 효주는 책상에 혼자 앉아 공부하려면 자꾸 다른 생각이 떠오른다. 집중이 잘되지 않는다. 책만 보고 있자니 좀이 쑤시고 책에 있는 글자가 눈에 들어오지 않는다. 몇 번을 읽어도 의미를 이해하지 못하겠다.

효주는 학교에서 친구들과 함께 이야기를 나누면서 공부하면 재미있을 거라고 생각한다. 2학년 때 선생님은 수업 내용을 그림이나 도표로 종종 보여주셔서 공부가 쉽고 재미있었다. 그냥 앉아서 문제집으로 공부하려니 괴롭기만 할 뿐이다.

효주는 기질적으로 어떤 학습 방법을 선호하는 유형일까? 혼자 앉아 있으면 집중이 되지 않고 딴생각이 자꾸 떠오르는 이유는 뭘까? 효주는 친구들과 함께하기를 좋아하고 상상하기를 좋아한다. 또한 그림과 도표를 활용한 공부를 더 재미있어하니 시각적 자료를 활용한 방법이 효과적이다. 친구들과 이야기하며 공부하기를 좋아하니 몇 명이 모여 토론하며 함께하는 공부가 더 아이에게 맞다. 그런 효주에게 책상에 앉아 혼자 집중해서 책만 파라고 하니 공부에 영 흥미가 없을 수밖에 없다.

엄마가 미리 다 알고 적절한 공부 방법을 제시할 수 있으면 좋겠지만, 그건 어렵다. 그러니 아이에게 잘 맞는 공부 방법을 찾으려면 좋은 질문이 필요하다. 이렇게 물어보자.

👩 "어떻게 하고 싶니?"

👦 "친구랑 같이 공부할래요. 그림 그리면서 할래요. 엄마랑 이야기하면서 하는 게 좋아요. 공부할 때 엄마가 옆에 앉아 있기만 해도 좋겠어요. 혼자 다 하고 나올게요."

"어떻게?"라는 질문에 대한 아이들의 답은 이렇게 다양하다. 아이가 답했으니 엄마는 아이가 원하는 대로 할 수 있게 도와주면 된다. 혹시라도 아이가 자신이 말한 방법을 잘 지키지 못할까 봐 걱정된다면 다음 단계의 질문을 하자.

👧 "잘 안 되면 어떻게 하지?"

그러면 아이는 다음 단계의 대책도 세울 수 있다. 자기가 원하는 방법대로 하는 아이는 책임감이 강해진다. 자존감도 높아진다. 멋진 아이로 자라고 있는 것이다.

아이의 공부 때문에 고민해본 엄마라면 스스로 공부하는 아이만큼 부러운 게 없다. 자기 주도 학습이라는 말이 나오자마자 사회적 반향을 일으킨 것도 아마 이런 이유에서일 것이다. 그런데 자기 주도 학습이라는 말이 유행처럼 번지고는 있지만 자기 주도적 학습법을 배워도 아이는 그다지 주도적인 학습을 하지 못하는 경우가 더 많다. 왜 그럴까? 이론을 배운다고 해서 아이의 마음이 움직이는 건 아니기 때문이다.

우리 아이가 스스로 공부하고 성장하는 마법 같은 방법이 있다면 정말 좋겠다. 하지만 요술봉을 휘둘러서 아이를 변화시키는 것은 불가능하다. 그래도 한 걸음 한 걸음 나아가는 길은 분명히 있다. 공부에 대한 마음이 변하고 내가 왜 공부를 하고 싶은지 깨닫는 아이들은 어느새 자기 주도 학습의 길로 들어서기 시작한다.

엄마가 할 일은 아이의 마음이 움직일 수 있는 질문을 던져 아이의 마음에 파문을 일으키는 것이다. 왠지 모르게 공부하는 게 마음이 편하고 공부하다 보면 즐겁고 뿌듯해지는 느낌이 들도록 하는 것이다. 아이들 입장에서 아이의 느낌을 알고 아이의 생각을 키워가는 길로 나아간다면, 그 순간순간이 모여 우리 아이는 스스로 공부하기를 즐기는 아이로 자라게 된다. 엄마가 제공하는 풍요로운 정신적 환경 위에서 마음껏 구르고 뛰놀며 스스로 성장한다.

지금까지 엄마가 물질적 환경을 조성해주기 위해 애를 썼다면, 지금부터는 우리 아이의 정신이 자라고 학습을 즐기는 아이로 성장하게 하는 정신적 환경을 조성해주기 위해 애써보자. 엄마가 애쓴 만큼 아이는 스스로 성장한다.

엄마를 위한
특별한 육하원칙

공부를 좋아하고 잘하는 아이로 키우기 위해 아이에게 활용하는 육하원칙 질문을 엄마가 스스로에게 해보자. 현명하고 지혜로운 엄마가 될 수 있도록 도와줄 것이다.

누가 가르칠까?

교육의 방향을 결정하는 중요한 질문이다. "누가 가르칠까?"라는 질문에 어떤 답을 내리는가에 따라 엄마가 무엇을 알아보고 행동해야 할지가 달라진다.

답은 크게 2가지로 나뉜다. 좋은 선생님, 아니면 엄마. 좋은 선생님이 가르쳐야 한다고 생각하면 주변으로부터 혹은 인터넷 검색을 통해 잘 가르치고 학습 효과가 좋은 학원이나 과외를 알아본다. 학교에서는 선생님을 선택할 수 없으니 엄마가 할 수 있는 일은 바로 이런 일이 된다.

엄마가 가르친다는 답을 내리면 방향은 다양해진다. 어떻게 가르칠까를 고민하고 무엇을 가르칠까도 고민한다. 당연하다. 엄마는 공부에 전문가가 아니니 엄마도 공부하면서 가르칠 수밖에 없다.

그렇다면 각 방법의 장단점을 알아보자. 장단점을 알면 선택하는 데 도움이 된다. 우선 전자는 경제적 부담을 주는 방법이고 후자는 심리적 부담을 주는 방법이다. 전자의 방법은 아이가 수동적인 태도를 갖게 될 위험이 있지만, 후자의 방법은 엄마와 관계가 나빠질 위험이 있다. 학원이나 과외를 택하면 투자하는 만큼 성적이 쉽게 올라갈 수 있다. 하지만 올라가지 않는 아이도 많다. 후유증은 아이가 성장할수록 점점 더 사교육비도 늘어나게 된다는 점과 누군가 가르치지 않으면 스스로 공부할 줄 모르게 된다는 점이다. 후자의 경우 처음엔 엄마도 아이도 시행착오를 겪느라 힘들지만, 시간이 갈수록 점차 쉽고 편안하고 효율적인 공부가 이루어질 가능성이 크다. 이제 어느 쪽을 택할지는 엄마의 몫이다.

엄마가 가르쳐서 진짜 자기 주도적인 학습자로 성장하길 바란다면 다음의 질문도 살펴보자. 엄마 자신이 질문을 잘 사용하게 될수록 우리 아이에게 효율적인 도움을 줄 수 있을 것이다.

무엇을 가르칠까?

엄마가 가르칠 때는 무엇을 가르치는가에 따라 결과가 달라진다. 엄마가 공부를 직접 가르치는 방법과 공부하는 방법을 가르치는 방식이 있다. 공부를 직접 가르치는 것은 아이가 초등학교 저학년 정도까지는 별문제가 없다. 하지만 고학년이 되면서부터는 직접 가르치기가 부담스럽다. 그래서 엄마가 먼저 학원에 다닌 다음 공부해서 가르친다는 말이 나오기도 한다. 그리고 선행 학습을 해야 할 것 같은 부담감 때문에 엄마가 가르치는 공부가 계속되기 어려워진다.

하지만 엄마가 가르치는 공부는 내용보다 아이가 스스로 예습하고 복습할 수 있도록 도와주는 것이면 된다. 한마디로 공부하는 방법을 가르치는 것이 더 중요하다. 《믿는 만큼 자라는 아이들》의 작가 박혜란은 세 아이가 모두 서울대에 입학해서 화제가 되었다. 그가 아이들을 가르친 방식이 바로 이것이다.

아이가 문제를 풀다 몰라서 엄마한테 질문한다. 엄마는 오히려 어느 부분에서 막히는지 말로 설명해보라고 아이에게 다시 질문한다. 그러면 아이는 자신이 이해되지 않는 부분을 설명하다 스스로 해결점을 찾게 된다. 이 방법이 가장 바람직하다. 굉장히 느리고 시간이 오래 걸리는 방식으로 보이지만 학습에 있어 결과적으로 최고의 지름길이다.

공부하는 방법을 가르친다는 말은 아이가 스스로 할 수 있도록 도와주고 지지해주고 적절한 동기 부여를 하고 지속적인 교육 환경을 준비해준다는 말이다. 혹시 방법을 잘 몰라 답답하다면, 혹은 공교육 안에서 해결되지 않는다면 잠깐 사교육의 도움을 받는 것도 좋다. 꼭 필요할 때만 활용하여 아이에게 필요한 부분을 도움받는 방식이다. 그래야 아이는 스스로 공부하는 법을 계속 발전시켜나갈 수 있고, 엄마는 최소한의 비용으로 최대한의 효과를 얻을 수 있다. 그래야 아이가 성장할수록 스스로 공부하는 방식이 몸에 배어 엄마는 점점 더 여유롭고 편안해진다. 그후에는 알아서 잘하는 아이의 모습을 보며 대견해하고 기뻐하면 되는 것이다.

언제 가르칠까?

언제 가르치면 가장 좋을까? 이 질문을 스스로에게 던지면 엄마는 많은 것을 생각하게 된다. 아이의 하루 스케줄도 생각하고 언제가 가장 아이의 기분이 좋을지, 공부가 잘될지 생각하기 마련이다. 바로 그것이다. 언제가 가장 공부가 잘될지 생각하는 것. 똑같은 공부도 하루 중 언제 하는가에 따라 효율성이 달라진다.

금방 학교 다녀와서 쉬고 싶은 아이에게 숙제하자고 달려들면 아이는 고역이다. 간식도 먹고 학교생활에 대해 수다도 떨고 다시 에너지를 충전할 여유가 필요하다. 그러니 괜히 공부를 가르치기로 마음먹었다고 섣부르게 엄마가 혼자 계획을 세우는 우를 범하지 않기를 바란다. 혼잣말로 "언제 가르칠까?"라고 자신에게 물어보자. 혼잣말이지만 신기하게도 아이가 원하는 가장 적절한 시간이 언제인지 판단하게 도와준다.

어디서 가르칠까?

"어디서 가르칠까?"라는 질문은 아이의 공부 환경을 고민하게 해준다. 아이들은 변화를 좋아한다. 늘 하던 장소에서 공부하면 안정감을 주어서 좋지만 지루함을 주기도 한다. 그러니 가끔 장소를 변화시켜 공부하기 좋은 멋진 분위기를 꾸며보자. 식탁만 멋진 세팅이 필요한 것이 아니다. 공부를 위한 세팅도 필요하다. 아이에게 공부를 가르칠 장소를 고민하다 보면 어떤 환경을 만들어주는 것이 좋은지도 자연스럽게 고민하게 된다. 책상 위의 환경뿐 아니라 위치, 조명, 온도도 되짚어 생각하게 된다. 바로 그것이다. 아이가 어떤 환경을 좋아하는지 살펴보자.

인간은 환경의 지배를 받는 동물이다. 환경이 달라지면 문제들이 쉽게 해결되는 경우가 많다. 숙제나 공부를 할 때마다 책들이 뒤엉켜 있어 정리되지 않았던 곳에 두 칸짜리 작고 예쁜 책꽂이를 갖다 두었다. 왼쪽 칸은 '미완성: 좀 더 힘을 냅시다'라는 이름을 붙였고, 오른쪽 칸에는 '완성: 축하합니다'라는 이름을 붙였다. 공부할 책은 미완성 칸에 두고 시작한다. 공부를 끝낸 과제는 완성 칸으로 옮겨놓는다. 차곡차곡 완성 칸에 다한 과제가 채워지는 모습을 보며 아이는 무척 뿌듯해한다. 엄마가 숙제하라고 말하지 않아도 간식을 먹다가 남은 숙제가 있다며 방으로 달려가기도 한다. 이렇게 환경은 인간에게 어떤 행동을 하게 하는 중요한 기능을 한다.

어떻게 가르칠까?

아이가 공부를 하게 하려면 어떻게 가르치면 좋을까? 이 대답을 얻기 위해서는 아이가 어떤 방식으로 공부하기를 좋아하는지, 어떤 것을 더 재미있어하고 내용도 더 잘 기억하는지 생각해야 한다. 아이가 원하는 방법, 아이가 재미있어하는 방법으로 가르치자. 그래서 우리 아이만을 위한 공부 방법 목차를 만들어보자.

- 친구랑 함께 숙제하기
- 숙제할 때 엄마가 옆에 앉아 있기
- 조용한 음악 들으며 숙제하기
- 선생님 놀이하며 공부하기
- 큰 소리로 외치며 공부하기
- 문제집을 순서대로 풀지 않고 마음에 드는 문제 골라서 풀기
- 쉬운 문제 먼저 풀기

- 어려운 문제 먼저 풀기

'누구는 이렇게 했다더라'에 현혹되지 말고 우리 아이가 어떤 방식을 더 좋아하는지 살펴보는 게 가장 우선이다. 남들이 아무리 좋다는 방식도 우리 아이에게 맞지 않으면 무용지물이다. 어떻게 가르칠까를 고민하기 시작하면 우리 아이의 공부 효율성이 높아진다.

왜 가르칠까?

엄마는 왜 아이를 가르치려고 하는가? 엄마가 아이를 가르친다는 것은 너무나 당연한 말이지만, 무엇을 위해 가르치는지 명확히 정리해볼 필요가 있다. 왜 가르치는지 정리되면 가르치면서 겪는 어려움을 잘 해결해나갈 수 있게 된다. 길을 잃어도 북극성을 보며 다시 찾아갈 수 있듯이 가르치는 목적은 우리가 어디로 가는지 분명한 지표가 된다.

나는 왜 우리 아이를 가르치려 하는가? 좋은 성적, 많은 지식, 좋은 대학, 안정된 직업, 많은 돈, 성숙한 사람, 지혜로운 사람…….

우리 아이가 어떻게 성장하기를 바라기에 이렇게 열심히 온 정성을 다해 아이를 가르치려 하는지 생각해보자. 어떤 목적이든 옳고 그름을 따지기는 힘들다. 하지만 엄마가 제대로 된 목표를 정립하지 않으면 목표를 이루기 위해 가는 길이 내내 아이를 괴롭히는 길이 될 수도 있다.

'공부 잘하기'를 목표로 두지 말기 바란다. 좋은 대학, 좋은 직업도 목표로 두지 말기를 바란다. 공부 잘하기를 목표로 둔다면 공부를 잘하지 못하는 많은 시간은 내내 불행하다. 열심히 한다고 해서 항상 성적이 좋을 수 없다. 혹은 공부를 잘해도 나보다 더 잘하는 사람이 나타날까 봐 늘 불안하다. 공부를 잘하는 것, 좋은 대학, 좋은 직업은 공부를 좋아하는 아이에게 저절로 따라오는 결과일 뿐이다.

공부를 좋아하는 아이는 스스로 열심히 한다. 어떤 결과가 나와도 겸허히 수용할 줄 안다. 공부를 좋아하기에 공부하는 과정 내내 즐겁고 행복한 순간이 훨씬 더 많다. 우리 아이가 어떤 모습으로 살아가기를 바라는가? 엄마가 아이를 가르치는 목적이 '공부 잘하는 아이로 키우기'가 아니라 '공부를 좋아하는 아이로 키우기'가 되기를 바란다.

공부 실전

일상에서 써먹는 엄마의 실전 멘토링

아이가 공부를 싫어해요
_ 네가 좋아하는 과목은 뭐야?

이미 공부에 흥미를 잃고 무엇이든 "싫어요, 몰라요"라고만 말하는 아이들이 있다. 참으로 안타깝다. 우리 아이가 이런 모습을 보인다면 말로 표현할 수 없이 속상하다.

아이가 공부를 싫어한다고는 하지만 정작 그 마음을 제대로 들어보면 몇 개의 싫은 과목 때문에 그렇게 말하는 경우가 더 많다. 분명 아이는 좀 더 좋아하는 과목도 있고 잘하는 과목도 있다. 이때 주의할 점은 다른 친구와 비교하는 것이 아니라 아이의 특성 안에서 비교하는 것이다. 이렇게 하면 아이가 좋아하는 과목과 잘하는 과목을 찾아낼 수 있다. 공부를 싫어하는 아이에게 못하는 과목을 중심으로 공부하게 하는 것은 별 도움이 되지 않는다. 공부가 계속 어렵게만 느껴지고 더 싫어질 뿐이다. 이미 공부가 싫다고 말하는 아이라면 꼭 좋아하는 과목, 잘하는 과목에서 시작하는 것이 중요하다.

핀란드의 성적표는 등수도 점수도 없다. 다만 각자 자기 수준에 맞게 설정한 목표를 얼마나 달성했는지가 표시되는 성적표가 있을 뿐이다. 여기서 핵심은 성적이 아니다. 자기 수준에 맞게 스스로 설정한 학습 목표가 중요한 핵심이다. 날마다 학교에 가면 그날 자신이 무엇을 할지 얼마만큼 공부할지 스스로 결정한다. 자신이 하기로 한 것에는 책임감이 따른다. 그런데 그 책임감은 자신이 스스로에게 부과한 것이기 때문에 그다지 어렵지 않다. 한 번 해내면 뿌듯하기 그지없다. 바로 이 느낌으로 아이들은 자란다.

이것은 자기 주도적 학습자가 되는 가장 기본적인 방법이다. 자기 주도적 학습의 비결은 간단하다. 아이가 스스로 자기 목표를 세우면 된다. 자신이 언제 숙제할 것인지, 무슨 공부를 할 것인지, 얼마만큼 할 것인지, 어떤 방법으로 하고 싶은지 스스로 결정하도록 도와주어야 한다.

이렇게 아이의 의견을 존중해주면 아이는 분명 자신이 좀 더 잘하고 좋아하는 과목을 중심으로 계획을 세운다. 혹시라도 그렇지 않고 잘 못하는 과목으로 계획을 세운다면 오히려 나서서 알려주는 것이 좋다. 좋아하고 잘하는 과목을 먼저 공부하는 것이 더 쉽고 재미있다는 사실을. 그리고 당분간은 이런 방식으로 공부해보자고 말해주자. 아이가 발전할 수 있도록 다음의 4가지 원칙으로 도와주자.

✏️ **아이의 발전을 돕는 4가지 원칙**

1. 아이가 잘할 수 있는 것, 좋아하는 것을 찾아준다.
2. 재미있게 하도록 도와준다.
3. 성취감을 느끼는 결과물을 만들도록 이끌어준다.
4. 연습을 통해 한 단계 더 발전하게 도와준다.

이렇게 진행한다면 분명 아이는 학습의 선순환 경로에 올라설 수 있다. 사춘기가 시작되는 4학년 이상의 아이라면 이런 과정이 더더욱 필요하다.

아이가 좋아하고 잘하는 것 한 가지에서 먼저 시작해보자. 공부라면 진저리를 치던 아이도 자신이 관심 있는 것을 공부하기는 무척 쉬운 일이다. 이미 무기력해져 있거나 좋아하는 마음조차 잃어버린 경우에는 더더욱 이런 과정을 거쳐야 한다. 이렇게 해야 공부 혐오증의 수렁에서 빠져나올 수 있다.

학교 가기 싫어요
_네가 수업 시간에 하고 싶은 건 뭐야?

영준이는 초등학교 3학년 남학생이다. 공부도 잘하고 에너지가 넘치고 남의 일에 참견하기를 좋아한다. 하지만 때로 눈치 없이 나대기도 해 선생님께 혼이 나는 경우가 많았다. 그러자 친구들도 점점 영준이를 싫어하게 되면서 공부에 대한 흥미를 잃게 되었다. 심지어 학교도 가지 않겠다고 말하는 경우가 많아져 엄마는 어쩔 줄을 모르겠다. 영준이가 학교생활에 잘 적응하고 다시 공부에 흥미를 느끼게 할 수 있는 방법이 있을까?

초등학생 아이가 공부에 흥미를 잃은 경우는 대부분 공부만의 문제가 아니다. 생활 전반의 문제가 복합적으로 얽혀 있어 어디서부터 풀어나가야 할지 갈피를 못 잡게 된다. 이럴 땐 하나하나 엉킨 실타래를 푸는 것처럼 차근차근 풀어나가야 한다. 조바심도 성급함도 오히려 문제를 더 복잡하게 만들 뿐이다. 우선 엄마가 자기 자신에게 질문하여 마음을 안정하는 것이 좋다. 엄마가 아이에 대해 걱정하는 것은 대부분 막연한 느낌에 머무는 경우가 많다.

'아이가 선생님 말씀을 안 들으면 어쩌지? 선생님이 우리 아이를 나쁘게 보면 어떡하지? 수업 시간에 돌아다니지는 않을까? 알림장을 안 써오면 어떡하지? 친구랑 문제가 생기지는 않을까?'

이런 '걱정 질문'은 이상하게 엄마의 불안감만 높일 뿐, 아이가 학교생활을 잘하게 하는 데는 별 도움이 안 된다. 예를 들어 "선생님 말씀을 안 들으면 어쩌지?"라고 소리 내어 말해보자. 아마 대책이 떠오르기보다 먼저 가슴이 답답하고 무거워질 것이다. 게다가 한 가지 걱정이 2가지, 3가지로 늘어난다. 공부는 제대로 하고 있는지, 선생님께 혼이 나는 건 아닌지 걱정만 눈덩이처럼 커진다. 이러면 더 이상 무엇을 어떻게 도와주고 발전하게 할지 생각하는 것은 어려워진다. 우리 아이가 왜 선생님 말씀을 안 듣는지 원인을 파악하기보다 힘든 마음에 화가 치밀어 그저 아이를 혼내거나 또다시 제대로 하라고 지시한다. 결국 문제는 끊임없이 반복되거나 악화된다. 아이가 커감에 따라 문제의 양상은 좀 더 심각해지고 아이가 받는 상처나 좌절감도 함께 커진다. 한마디로 걱정을 위한 질문은 걱정을 커지게만 할 뿐이다. 이제 질문을 바꿔보자.

• 선생님 말씀에 집중 못 하면 어쩌지? • 선생님이 우리 아이를 나쁘게 보시면 어떡하지? • 수업 시간에 돌아다니지는 않을까? • 알림장을 안 써오면 어떡하지? • 친구랑 문제가 생기지는 않을까?

➡

• 선생님 말씀에 집중하게 하려면? • 우리 아이의 장점이 표현될 수 있게 하려면? • 수업 시간에 집중할 수 있는 방법은? • 알림장을 잘 쓰게 하려면? • 친구랑 사이좋게 지내는 방법은?

이렇게 바꾸어 질문하면 엄마의 마음가짐이 달라짐을 느끼게 된다. 생각의 방향이 확연하게 달라졌기 때문이다. 그리고 정작 가장 중요한 것을 아이에게 하나도 가르치지 않았다는 사실도 깨닫게 된다.

선생님 말씀에 집중하게 하려고 하면 방법은 많다. 선생님과 눈을 맞추라고 말해도 좋고, 준비물을 잘 챙겨가거나 예습을 해서 선생님의 말씀을 잘 이해하도록 하면 된다. 아니면 아이가 선생님에게 질문할 거리를 미리 준비해서 질문을 하도록 하는 것도 무척 좋은 방법이다. 수업 시간에 선생님 말씀에 귀를 기울이고 집중하는 것은 공부 잘하는 아이의 기본이다. 그래야 이해하고 생각할 수 있기 때문이다. 엄마가 스스로에게 하는 질문을 바꾸기만 해도 출발이 달라진다. 시작점의 작은 차이는 엄청난 결과의 차이를 가져온다.

💬 효과적인 '엄마의 말'로 도와주기

선생님에게 자주 혼이 나고 친구들과도 문제가 생기고 그래서 공부에 흥미를 잃은 영준이를 도와주려면 어디서부터 시작하면 좋을까? 선생님과 친구 간의 관계 문제를 먼저 도와줄 수도 있고 학습을 먼저 도와줄 수도 있다. 어떤 부분이든 한 가지에서 돌파구를 찾아내야 악순환의 고리에서 벗어난다.

성적이 중상위권이던 영준이가 공부에 흥미를 잃어 하위권으로 떨어지게 된 핵심 원인을 살펴보자. 영준이는 선생님에게 계속 혼이 나고 그래서 친구들도 영준이를 싫어하게 되었다. 그 후 공부에 대한 흥미도 잃었다. 핵심 문제는 선생님과의 관계다.

영준이가 선생님과 관계를 회복하기 위해서는 선생님이 영준이를 혼내는 행동을 멈추게 하는 것도 방법이다. 하지만 영준이가 참견을 잘하고 나대는 것은 기질적인 원인도 있다. 그러므로 그런 행동을 당장에 못 하게 하기는 어렵고, 아직 어리므로 인내심을 기대

하기도 어렵다.

이런 경우엔 선생님이 영준이를 다르게 볼 수 있는 바람직한 행동을 하도록 도와주는 것이 좋다. 선생님이 처음부터 영준이를 자주 혼낸 건 아니다. 발표하겠다고 용감하게 손을 드는 영준이를 처음엔 무척 좋게 보셨다. 하지만 발표할 때마다 엉뚱한 말을 하고 우스갯소리를 하여 수업 분위기를 망쳐버리는 것이 문제였다. 바로 이 지점에서 영준이를 도와줄 수 있다. 영준이와의 대화를 살펴보자.

🧑‍🦰 "네가 수업 시간에 잘할 수 있는 건 뭐야?"

🧒 "발표요. 근데 지금은 싫어요."

🧑‍🦰 "발표가 좋았을 때는 어떻게 했니?"

🧒 "선생님 질문에 맞는 답을 말했어요."

🧑‍🦰 "지금은 왜 싫어?"

🧒 "많이 혼났어요."

🧑‍🦰 "어떨 때 혼이 났니?"

🧒 "제가 잘 모를 때는 엉뚱한 말을 많이 했거든요."

🧑‍🦰 "엉뚱한 말을 한 이유가 있을 텐데?"

🧒 "몰라도 발표하고 싶어서요."

🧑‍🦰 "아, 이유가 있었구나. 발표를 정말 잘하고 싶었네."

"네."

"발표를 잘하면 어떤 점이 좋아?"

"그냥, 뭐 친구들이 좋아하고 인기가 좋아지는 것 같고……."

"그래서 엉뚱한 말을 자주 했구나. 그런데 결과가 마음에 드니?"

"아니요."

"그럼 앞으로 어떻게 하면 좋을까?"

"모르겠어요."

"음, 네가 새로운 걸 배울 때가 된 것 같아. 선생님이 한 가지 가르쳐주고 싶은데 어때?"

"뭐예요?"

"배우고 싶어?"

"네. 그게 뭐예요?"

육하원칙 대화법을 사용하여 대화를 나누니 자연스럽게 아이는 자신이 뭔가를 새롭게 배워야 할 때가 되었음을 깨닫고 의욕을 보인다. 영준이는 자신이 잘 모르는 문제도 발표하고 싶어 했을 만큼 나서서 말하고 싶어 하는 아이다. 그래서 친구들의 관심을 받고 인기 있는 아이가 되고 싶어 한다. 관심과 인기를 얻으려고 엉뚱한 말을 해댔지만 결과는 나빴다. 그래서 주눅이 든 영준이를 도와주기 위해 영준이가 잘할 수 있는 것, 바로 발표를 다시 제대로 잘할 수 있게 도와주는 방법을 고민해보자.

영준이는 발표 시간에 자주 혼이 났던 기억 때문에 이제 발표하기를 싫어한다. 그러니 어떤 점이 불편한지 먼저 알아보는 과정이 필요하다. 아이의 힘든 점을 제대로 알려면 "왜 발표하기 싫니?"라는 막연한 질문이 아니라, 아이가 제 생각을 정리할 수 있는 구체적인 질문을 해야 한다.

발표에 대한 평가 질문	• 엉뚱한 발표를 했을 때 당황스러운 점은?
	• 좋은 점은?
	• 몰라도 발표했을 때 어떤 느낌과 생각이 드니?
아이의 강점 질문	• 어떻게 하면 발표를 잘할 수 있을까?
	• 너만의 발표 비법은 뭐야?
	• 질문에 대한 답을 진지하게 말할 수 있어?
대안 질문	• 모르는 문제일 땐 어떻게 하면 좋을까?

앞의 질문은 크게 3가지로 나뉜다. 아이가 그동안의 발표 상황을 점검해보는 과정은 앞으로 다른 대안을 계획하고 실천하는 데 매우 중요하다. 엉뚱한 발표가 자기 의도와 관계없이 좋지 않은 결과를 가져온 것에 관해 이야기를 나누다 보면 진짜 자신이 원하는

것이 무엇인지 깨닫게 된다. 바로 그 지점에서 앞으로 다르게 할 수 있는 방법이 생겨나기 시작한다.

진지하게 발표하는 것이 중요함을 배우고, 자신이 생각하는 답에 확신이 없다면 좀 더 확실한 답을 찾기 위해 어떻게 하면 되는지 생각해본다. 만일 틀렸을 경우라도 공부와 관련된 답이라면 선생님이 싫어하지 않는다는 사실을 말해주자. 한편으로는 답이 틀려도 친구들이 용감하게 발표하는 영준이의 자신감을 부러워한다는 사실도 알려주면 좋겠다.

아이에게 힘이 되는 질문도 살펴보자. 영준이는 자신만의 발표 비법이 있다. 어떤 방법으로 손을 들면 선생님이 잘 시켜주는지, 어떤 식으로 발표하면 잘했다는 느낌이 드는지 막연하게 알고 있다. 그렇게 발표하는 것이 성장에 어떤 도움을 주는지 아이에게 생각해보게 하자. 무의식적으로는 깨닫고 있겠지만 막연한 생각을 언어로 정리하면 아이는 아주 잘 배우게 된다. 아이가 잘할 수 있는 것을 질문하는 방법은 지금까지 한 번도 생각해보지 못한 자신의 수업 시간 모습을 객관적으로 보도록 도와준다.

단 한 번만이라도 자기 모습을 객관적으로 평가해보는 작업은 앞으로 다르게 해야 할 점이 무엇인지 쉽게 이해하게 도와준다. 공부를 싫어하는 아이는 대부분 그 원인을 외부 환경에 두는 경우가 많다.

이 질문을 통해 자신의 모습을 좀 더 명확히 판단하고 대안을 생각하는 과정이 필요하다. 아이는 자신이 공부를 싫어하는 것이 아니라 원치 않는 문제가 발생했기 때문이라는 중요한 사실을 깨닫는다.

이제 대안을 질문해보자. 앞의 질문에서 충분히 이야기를 나누었다면 분명 아이가 나름의 대안을 제시할 수 있다. 이렇게 구체적인 질문은 발표 상황에서 일어날 수 있는 일에 대해 면역력을 길러줄 뿐만 아니라, 자신이 진정으로 원하는 것과 더 멋지게 발전하기 위해 무엇을 어떻게 해야 할지 명확하게 깨달을 수 있게 한다.

나는 공부해도 소용없어요
_제일 마음이 뿌듯할 때는 언제야?

　우리 아이는 자신이 노력한 만큼 결과를 얻을 수 있다고 확신할까? 의외로 많은 아이가 노력의 결과를 믿지 못하고 불안감에 시달린다. 자신을 믿지 못하는 아이는 공부를 하면서도 그 결과에 대해선 불안하다. 자기 능력에 대한 자신감도 부족하고 노력의 결과도 믿지 못하는 아이가 집중해서 공부하기는 어렵다.

　내가 노력하는 만큼 좋은 성적이 나올 거라 믿어야 공부할 수 있다. 공부와 노력이 정비례 관계라는 이 불변의 진리를 못 믿는 아이라면 효율적인 공부도 하지 못한다. "난 해도 안 돼"라고 말하는 아이 가운데 공부를 잘하는 아이는 없다. "좀 하니까 되네"라고 말할 수 있게 도와주어야 한다.

고등학교 1학년이 된 형진이는 처음으로 제대로 된 공부를 시작했다. 초등학교, 중학교 내내 친구들과 놀기만 좋아했는데 이제 더는 공부를 미루면 안 될 것 같은 생각에 공부하기로 마음먹었다. 두 달 정도 중간고사에 대비해 열심히 하던 형진이는 어느 날 밤늦게까지 공부하고 와서 엄마에게 시무룩한 소리로 말한다.

😊 "엄마, 만일에 이번 시험 못 보면 다시는 공부 못 할 것 같아요."

안 하던 공부를 하려니 힘도 들었지만 이렇게 공부한다고 해서 성적이 올라갈지 확신이 없었던 것이다. 결과를 확신하지 못하니 공부하는 내내 불안해졌고, 만일 성적이 오르지 않는다면 더 이상 이렇게 노력하기가 힘들 것 같은 생각이 들었다.

👩 "공부한 만큼 성적이 안 나올까 봐 불안하구나."
😊 "네."
👩 "근데 걱정하지 마. 성적은 정직한 거야."
😊 "진짜 그럴까요? 근데 제가 아무리 노력해도 안 되는 사람이라면요?"

형진이에게 부족한 것은 무엇일까? 바로 자기 효능감이다. 지금껏 그렇게 노력해보지 않았고 노력에 대한 결과를 얻어본 적이 없으니 자신의 능력도 믿지 못한다. 그러니 노력한 만큼의 결과를 얻으리라는 당연한 결과를 확신하지 못하는 것이다.

자기 효능감이란 어떤 결과를 이루는 데 필요한 행동을 계획하고 수행하는 자기 능력에 대한 자신감이다. 특정한 문제를 자신의 능력으로 멋지게 해결할 수 있다는 신념이나 기대감을 말한다. 자기 효능감이 높은 사람은 과제에 대한 집중과 지속성을 통하여 성취 수준을 높일 수 있다. 그 결과 긍정적인 자아상을 형성하는 데 도움이 된다.

실제로 자기 효능감에 큰 영향을 주는 것은 성공 경험과 언어적 설득이다. 성공 경험이란 아주 작은 것에서부터 시작된다. 초등학생이 되면 크고 작은 성공 경험을 통해 자기 효능감도 발전해야 한다. 이것이 당장 성적보다 더 중요하다. 이제 성공 경험이 부족한 아이에게 자기 효능감을 키워주는 방법에 대해 알아보자.

어린아이는 글자 한 자를 바르게 읽었을 때도 성취감을 느낀다. 엄마의 작은 심부름을 잘 수행했을 때도 성취감을 느낄 수 있다. 딱 한 번이라도 받아쓰기 100점을 받는 경험, 딱 한 번 수학 시험을 잘 보는 경험이 모두 성공 경험에 해당한다. '역시 노력한 만큼 결과가 따라오는구나'라고 느껴보면 충분하다. 중고등학생이라면 딱 한 과목만 정해서 시험을 준비하고 과연 성적에 변화가 있는지 알아보는 경험으로도 충분하다.

아이가 실수하거나 잘못하는 일에서도 자신의 강점에 대해 올바르게 해석하여 또 다른 성취감을 느끼도록 도와주는 것이 필요하다. 결과적으로는 실패했을 때 아이가 좌절감에 빠질 수도 있고, 오히려 자기 효능감을 키울 수도 있다. 그 여부는 실패에 대한 해석에 달려 있다.

여기 30점짜리 받아쓰기 시험지가 있다. 이 점수를 받으면 아이의 마음은 어떨까? 또 엄마는? 만약 엄마가 화가 많이 난다면 지혜로운 대화는 어려워진다. 최소한 아이의 속상함과 좌절감에 공감할 수 있다면 이제 이 실패한 결과에 대해 어떤 대화를 나누어야 할지 고민해보자.

분명 못한 점수이지만 여기서 아이가 어떤 노력을 했는지 찾아야 한다. 공감, 위로, 격려의 말은 의외로 도움이 되지 않는다. 혼내지 않아 안심되고, 그런 말을 해주는 엄마에게 너무 감사하긴 하지만 앞으로 공부에서 무엇을 어떻게 해야 할지 여전히 막막하고 답답하다. 이럴 때 이 시험지를 보면서 전혀 다른 해석을 해보자. 결과는 나빴지만, 아이가 노력한 점이 무엇이고 아이가 간절히 바랐던 것이 무엇인지 찾아보아야 한다.

아이는 글씨를 또박또박 썼고, 줄도 잘 맞추어 썼으며, 틀린 글자를 지우고 다시 고쳐 쓰는 노력도 마다하지 않았다. 스스로가 받아쓰기를 잘하지 못한다는 사실을 알면서도 10번까지 포기하지 않고 썼으며, 특히 마침표에 들인 아이의 노력은 얼마나 간절하게 좋은 점수를 받고 싶었는지 확연히 보여준다. 하지만 아이가 인식하는 건 30점이라는 낮은 점수이다. 이럴 때 바로 엄마의 말이 힘을 발휘해야 한다. 아이의 노력을 찾아 천천히 명확하게 아이 가슴에 새겨질 수 있도록 말해주자. 그리고 이렇게 물어보자.

"이번 시험에서 제일 뿌듯한 점은 뭐야?"

그래야 아이는 스스로 노력한 자신에 대해 뿌듯함을 느끼고, 못한 점수가 아니라 훌륭하게 이루어낸 것이 더 많다는 사실을 깊이 새기게 된다. 바로 그런 마음이 다음 공부를 조금이라도 더 열심히 하고 싶은 동기를 불러일으키는 것이다.

흔히 운동 경기에서 "졌지만 이긴 싸움" 혹은 "아름다운 패배"로 해석하는 경우와 마찬가지다. 2008년 베이징 올림픽에 출전한 역도 선수 이배영은 메달을 따지 못했다. 하지만 역도 경기 도중 허벅지에 쥐가 나는 부상을 당했음에도 끝까지 바벨을 내려놓지 않는 끈기를 보이며 많은 이들에게 희망과 감동을 안겨주었다. 이배영 선수는 "결과에 대해 어떻게 생각하는가?"라는 질문에 "스스로

한테 금메달을 주고 싶다"라고 호쾌하게 답변했다. 그는 "결과로 볼 때는 졌지만 스스로한테는 이겼다고 생각한다"라고 덧붙여 말하며 다시 도전하겠다는 불굴의 의지를 보여줬다.

형식적으로는 졌지만 내용 면에서 이긴 싸움을 한 선수는 절대 좌절감에 빠지지 않는다. 중요한 것이 무엇인지 알고 있기 때문이다. 앞으로 무엇을 어떻게 해야 할지 잘 깨닫게 된다. 무엇보다 자신에 대해 뿌듯하다. 잘못한 점을 무조건 긍정적으로 해석하자는 것이 아니다. 아이가 실수했지만 그중에서 잘한 일을 찾아주자는 것이다. 끝까지 하려고 애쓴 점, 잘 참은 점, 남을 도와주려고 한 점 등 얼마든지 찾아낼 수 있다.

뿌듯함은 기쁨이나 감격이 마음에 가득 차서 벅찬 느낌을 말한다. 아이들은 성취를 이루고 나면 뿌듯해진다. 자신이 대견하고 중요한 사람으로 느껴진다. 앞으로 얼마든지 무슨 일이든 해낼 수 있을 것 같은 느낌이 든다. 올바른 일에서 뿌듯함을 경험한 아이는 그 일을 계속하려 한다. 앞으로의 일에 대해 자신감과 용기가 생긴다. 스스로 믿을 수 있게 되는 것이다.

공부할 때 아이가 뿌듯함을 느끼게 도와주자. 실수투성이지만 아이는 늘 발전하고 있다. 아주 작은 변화라도 찾아내 달라진 점을 질문하고 뿌듯한 게 무엇인지 질문하자. 그러면 아이는 분명 이렇게 말할 것이다.

😊 "엄마, 또 하고 싶어요."

지연이가 5살이 되자 엄마는 서점에서 학습지를 구입했다. 그리기, 색칠하기, 숫자 공부, 맞추기 등을 하는 종합 학습지다. 양이 꽤 많아 1~2주 동안 천천히 하면 되겠다 싶었다. 지연이는 그날 저녁 8시쯤 책상에 앉아 학습지를 시작한다. 처음으로 해보는 거라 그런지 재미있게 한 쪽씩 하기 시작한다. 뒤적이며 골라서 먼저 하고 싶은 것을 하기도 한다. 1시간쯤 지나자 벌써 3분의 1 정도를 한 것 같아 엄마는 이제 그만하자고 했다. 그런데 지연이는 갑자기 완강한 태도를 보인다. 끝까지 다하고 싶단다. 엄마는 순간 혼란스러웠다. 날마다 조금씩 해야 공부 습관도 생길 텐데 이렇게 한꺼번에 많이 하면 안 좋은 것 아닌가?

다시 달래보았지만 지연이는 학습지를 움켜잡고 계속하겠다고 떼를 쓰기 시작한다. 고집을 부리는 아이를 혼내야 할지 다음부턴 학습지 안 사줄 거라 위협해야 할지 혼란스러웠다. 하지만 아이가 워낙 고집스럽게 하겠다고 해서 할 수 없이 그렇게 하도록 했다.

시간은 벌써 11시를 넘어간다. 피곤해진 엄마가 몇 번이나 내일 하자고 달래고 설득해보았지만 소용없었다. 지연이는 12시가 다 되어서 학습지를 끝까지 다하고서야 멈추었다. 엄마는 아이가 대견스럽기보다는 이렇게 하면 안 될 것 같은 생각에 아이에게 다짐을 받아야겠다고 생각하고 잔소리를 하려고 했다. 하지만 아이의 얼굴을 보자 멈추게 되었다. 다 끝낸 학습지를 껴안고 엄마를 바라보는 아이의 초롱초롱한 얼굴은 자랑스러움과 뿌듯함에 가득 차 있었다. 엄마가 물었다.

"뭐가 그렇게 좋아?"

"너무 좋아요. 내가 다 했어."

지연이는 어리지만 자기 능력으로 멋지게 해결할 수 있다는 신념이 있었다. 그래서 과제에 지속적인 집중력을 발휘할 수 있었다. 그리고 스스로 끝까지 다했다는 사실을 너무 마음에 들어 했다. 그러더니 한마디 더 한다.

"엄마, 내일도 또 하고 싶어요."

고등학생 형진이에게 엄마는 다음 날 다시 질문했다.

"아직 불안하겠지만 그래도 공부하면서 마음이 뿌듯한 점은 뭐니?"

"밤늦게 공부하고 올 때 굉장히 뿌듯해요. 내가 왜 진작 이러지 않았지 하는 생각도 들어요."

형진이는 그 시험에서 무척 만족스러운 결과를 얻었다. 이제 비로소 제대로 된 성취를 경험한 것이다. 이후에도 계속해서 자신이 노력하면 얼마든지 좋은 결과를 얻을 수 있다는 사실을 되새기며 공부할 수 있었다.

자기 효능감이 높은 아이는 자신이 선택한 과제를 끝까지 수행할 능력이 있다고 스스로 믿는다. 그리고 이렇게 한 번씩 자신의 마음이 뿌듯해질 때까지 성취를 이룬 아이는 다시 자기 효능감이 더욱 높아진다. 선순환이 이루어지는 것이다. 자기 효능감은 학습에 대한 태도를 결정하는 데 결정적인 역할을 한다. 자기 효능감이 있어야 배움을 즐기고 새롭고 어려운 것을 배우고 싶어진다. 아이에게 스스로 자기 효능감을 확인할 기회를 충분히 주고 있는지 점검해볼 일이다.

특정 과목을 싫어해요
_게임은 좋아해?

아이들의 고정 관념도 어른만큼이나 다양하다. 특히 공부에 대한 잘못된 고정 관념은 상상을 초월한다. 어쩌면 엄마가 아이의 공부를 위해 아무리 노력해도 안 되는 이유는 아이가 고정 관념에 갇혀 더 이상 배우려고 하지 않고 생각의 문을 꼭 닫아걸고 있기 때문이기도 하다. 아이들이 말하는 공부에 대한 고정 관념을 살펴보자.

어렵다. 짜증 난다. 재미없다. 무조건 노력해야 한다. 열심히 해야 한다. 아무리 노력해도 소용없다. 머리가 나빠서 공부를 잘하지 못한다. 운이 있어야 시험을 잘 본다. 학원에 다녀야 공부를 잘한다. 족집게 과외가 가장 효과적이다.

2015년 7월, 한 국회 의원이 교육 시민 단체인 '사교육 걱정 없는 세상'과 공동으로 '수학 교육 학생·교사 인식 조사'를 실시하였다. 쉽게 말하면 '수학 포기자'의 비율을 살펴본 것이다. 전국 260개 초중고등학교 학생 8,700여 명과 수학 교사 1,300여 명에게 설문 조사를 진행한 결과 초등학생 36.5%, 중학생 46.2%, 고등학생 59.7%가 수학을 포기했다고 답변했다. 집집마다 유아기부터 수학에 들이는 시간과 노력과 비용이 어마어마한데 정작 그 결과는 '수학 포기'라니. 게다가 포기까지는 아니지만 수학이 어렵다고 말한 아이들의 비율은 더 높다. 초등학생 27.2%, 중학생 50.5%, 고등학생 73.5%로 나타났다. 학년이 올라갈수록 수학에 흥미를 잃고 어렵게만 느끼는 학생들이 늘고 있다는 이야기다. 그렇다면 이렇게 수학이 어렵고 거의 포기한 아이는 다시 수학에 재미를 붙이고 공부를 시작할 수 있을까?

나는 상담 때 수학과 관련된 놀이를 활용하는 것을 즐긴다. 수학이 재미있는 학문이라는 사실을 깨닫게 해주고 싶기 때문이다. 수학이 싫고 어렵기만 하다고 하는 아이들에게 "과연 그럴까? 수학이 어렵기만 해? 아닐 걸?" 하는 느낌으로 수학 게임을 시작한다.

실제로 정서 문제로 상담실을 찾는 아이들 중 그 문제의 발단이 공부에서 시작된 경우가 절반 이상이다. 공부 문제에서 시작해 정서에 부정적인 영향을 끼치고 엄마와 관계가 나빠지고 동시에 친구 관계에도 문제가 생기며, 이는 다시 아이의 공부에 부정적인 영향을 끼치는 악순환이 계속되는 경우가 많기 때문이다.

그중에서도 아이들이 가장 어려워하는 게 수학이라서 전혀 다른 경험을 하게 해준다는 의미도 있다. 실제로 아이들은 자신이 싫어하던 수학이 재미있을 수 있다는 사실을 경험하면서 변화를 시작한다.

수학이 정말 어렵고 싫다는 초등 3학년 아이가 있다. 특히 수학 포기의 강력한 계기가 된다는 분수를 정말 싫어했다. 이 아이에게 마법을 보여주겠다고 했다. '어렵다, 하기 싫다'는 느낌에서 '재미있다, 더 하고 싶다'는 느낌으로 바꾸어주겠다고 말했다. 아이는 그게 무슨 마법이냐고 따졌다. 없던 걸 생기게 하는 거니까 진짜 마법이라고 말하자 아이는 좋다며 과연 마법이 일어날지 궁금해하며 보드게임 원리를 응용한 분수 게임을 시작했다.

그러자 분수 게임을 세 판도 하기 전에 아이는 분수 게임을 더 계속하자고 말했으며 분수 게임이 재미있다고 말했다. "전 분수 싫어요. 어려워요. 못해요"라고만 말하던 아이의 말이 완전히 180도 달라진 것이다. 이제 이 사실을 아이에게 강조해서 말하고 확인시켜주면 된다.

👧 "잠깐, 너 아까는 '분수 싫어요. 어려워요. 못해요'라고 말했지? 근데 지금은 분수 게임 '재미있어요. 더 해요. 계속해요'라고 말했어. 맞지?"

👦 "네, 근데 이건 게임이잖아요."

👧 "게임과 공부가 다르다고 생각하는 이유가 뭐야? 게임이 곧 공부가 된다는 사실을 증명해줄게. 이 문제 한번 풀어볼래?"

아이에게 제시한 분수 문제를 아이는 거뜬히 풀고 만족스러운 미소를 짓는다. 마치 이런 건 원래 잘할 수 있었다는 듯이 으스대는 표정이 너무 사랑스럽다.

💬 수학을 못하고 싫어하는 아이

👦 "난 수학 싫어요. 못해요. 안 해요."

이렇게 말하는 4학년 영석이도 수학을 잘 못한다. 그러니 당연히 싫어한다. 이런 아이는 그야말로 수학의 '수' 자도 싫어하는 경우가 많다. 이럴 때 무조건 열심히 하자거나 학원이나 과외로 이끄는 건 제일 어리석은 일이다. 가장 중요한 것은 수학에 대한 고정관념을 바꾸는 것이다.

우선 영석이의 여러 가지 특징을 알아보기 위해 보드게임을 시작했다. 재미있지만 수학적 사고가 필요한 게임으로 시작했다. 초등학생 이상 청소년들이 모두 좋아하는 '루미큐브'를 꺼냈다. 자신이 가진 숫자 칩을 정해진 규칙대로 조합해 내려놓는 게임이다. 계속 조합과 분류를 생각해야 하는 게임이라 한번 빠져들면 계속하고 싶어진다. 또한 상대가 가진 숫자를 알아맞히는 '다빈치 코드'도 했다. 영석이는 두 게임 모두 재미있다며 계속하자고 의욕을 보였다. 영석이와 대화를 나누었다.

"너, 수학 싫어한다더니 이렇게 수학 게임을 좋아하네."

"수학은 싫어요. 근데 이건 수학 아니잖아요."

"아니, 이거 전부 수학이야. 분류, 조합, 분석, 추론해서 숫자를 맞추는 거잖아."

"아닌데."

"네가 싫어하는 수학은 어떤 거야?"

"복잡하게 계산하는 거요."

"아, 추론하고 생각하는 건 좋아하는데 계산하는 걸 싫어하는구나."

"네."

영석이와 대화를 한 다음엔 주사위 3개를 굴려 숫자 18까지 계산해서 맞추는 게임을 진행했다. 이 또한 흥미를 가지고 아주 열심히 계산하며 게임에 임했다. 그래서 좀 더 난이도를 높여 새로운 게임을 시작했다. '매지믹서'는 까만 주사위 2개와 하얀 주사위 5개를 굴려서 계산하는 게임이다. 까만 주사위 1개에는 10, 20, 30, 40, 50, 60이라는 숫자가 쓰여 있다.

이제 1, 2, 3, 4, 6이라는 숫자를 단 한 번씩만 사용해서 까만 주사위 두 숫자의 합인 16을 만들어야 한다. 자신이 배운 모든 연산방식을 사용할 수 있다. 물론 사칙 연산뿐 아니라 제곱, 루트 등 뭐든 가능하다. 몰라도 가르쳐주면 다음부터는 알아서 스스로 응용한다.

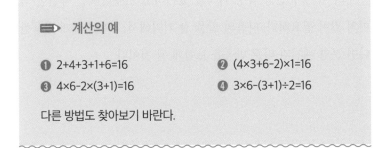

✏️➡ **계산의 예**

❶ 2+4+3+1+6=16 ❷ (4×3+6-2)×1=16
❸ 4×6-2×(3+1)=16 ❹ 3×6-(3+1)÷2=16

다른 방법도 찾아보기 바란다.

영석이는 특히 '매지믹서'는 싫어했다. 쓰지 말고 머리로 생각하며 풀라고 하니 더 거부 반응을 보였다. 머릿속으로 생각하는 계산을 해보지 않았기 때문이다. 그런데 처음엔 싫어하고 힘들어했지만 한두 번 답을 맞히면서 호기심과 의욕을 보이기 시작했다. 일주일에 한 번씩 영석이를 만날 때마다 매번 문제 3개를 풀었다. 4주 이후부턴 당연히 하는 걸로 여겼을 뿐 아니라 흥미를 느끼며 더 잘 풀려는 의지도 보였다. 다양한 연산 게임은 아이가 수학적 사고력과 응용력을 기를 수 있게 도와준다.

이렇게 영석이처럼 조금씩 자신이 수학을 싫어하지 않을 뿐 아니라 못하지도 않다는 걸 알아간다면 아이는 조금씩 수학의 즐거움을 배워갈 것이다. 아이들이 좋아하는 '할리갈리'도 알고 보면 수학 게임이다. 더해서 과일 5개가 나오면 종을 쳐서 카드를 따먹는 것이니 당연히 수학 게임의 범주에 들어간다. 이 게임을 싫어하는 아이는 단 한 명도 없다.

우리 아이가 만약 특정 과목을 싫어하고 거부한다면 특별한 엄마의 말이 필요하다. 다음의 말을 잘 기억해서 상황에 맞게 활용한다면 분명 예전과 다른 반응을 보이게 될 것이다.

✏️ **특정 과목을 싫어하는 아이에게 필요한 엄마의 말 (예: 수학)**

수학 공부할 때 가장 어려운 점은 뭐니?

언제부터 수학이 어렵게 느껴졌니?

그래도 수학 중에서 좀 쉽게 느껴지는 부분은?

어려운 문제는 몇 번 정도 연습하면 쉽게 느껴질까?

너에게 잘 맞는 공부 방법은?

공부가 쉽게 느껴지는 교재는?

어려울 땐 누구랑 수학 공부하고 싶니?

수학을 함께 공부하고 싶은 친구는?

산만하고 집중을 못해요
_다 하니까 기분이 어때?

산만한 아이는 집중하지 못하는 아이지만 바꿔 말하면 다른 것에 관심이 많은 아이기도 하다. 즉, 집중할 줄 모르는 것이 아니라 한 가지에 집중하기에는 너무나 많은 관심 요소가 주변에 널려 있다는 뜻이다. 그러니 산만해서 집중을 잘 못하는 아이에게는 지금 꼭 하고 싶은 것이 무엇인지 질문하는 것이 가장 우선이다. 아이도 이것저것 모두 뒤적이며 무엇을 먼저 해야 할지 결정하지 못하고 있다. 이때 질문을 하면 아이가 스스로 생각을 정리하고 지금 할 것과 나중에 할 것을 결정하게 된다.

그다음은 아이가 하고자 하는 것 외에는 주변을 정리해주는 것이다. 집중할 때마다 주변을 정리하는 것이 어렵다면 아이가 공부하는 장소를 정해두고 늘 깨끗이 해두자. 산만한 아이에게 정리도 잘하고 집중도 잘하기를 요구하는 것은 무리다. 집중도 잘 못하는 아이에게 정리까지 하라고 하면 정리하는 동안 에너지를 모두 소모해버린다. 집중할 정신적 에너지가 남지 않는다. 그러니 아이가 지금 하겠다고 하는 과제를 가지고 곧바로 집중할 수 있는 환경을 조성하는 것이 바람직하다.

두 번째로는 지금 하려고 하는 과제를 끝내려면 시간이 얼마나 걸릴지 질문한다.

"이걸 다 하려면 몇 분 정도 걸리겠니?"

너무 막연해서 아이가 감을 잡지 못한다면 좀 더 세분화시켜서 질문하자.

"한 쪽을 공부하는 데 몇 분 걸리겠니?"

집중력을 키우는 좋은 방법 가운데 하나가 시간을 재며 공부하는 것이다. 스톱워치를 이용해 몇 분이나 걸리는지 시간을 재고 기록하자. 시간을 기록하는 것은 자기 스스로 어제의 나와 오늘의 내가 경쟁하게 하는 것이다. 타인과의 경쟁도 좋은 자극이 될 수 있지만 좀 더 바람직한 것은 자신과의 기록 경쟁이다. 타인과의 경쟁은 심리적 불안이나 초조감을 유발해 엉뚱한 문제가 생길 수 있는 반면, 자신과의 경쟁은 후유증 없이 자신을 스스로 성장하도록 자극한다.

그런데 어떤 아이는 집중 시간이 길고 어떤 아이는 짧다. 집중 시간이 짧다는 말은 집중할 줄 모른다는 것이 아니라 성격적 특징일 뿐이다. 집중 시간이 짧은 아이는 쉬는 시간을 주고 다시 목표를 설정하면 된다.

한 번에 1시간 이상을 앉아 있을 수 있는 아이라면 감사하겠지만, 그렇지 못하다면 30분에 한 번 쉬게 하자. 중요한 것은 그 30분 동안 집중할 수 있게 도와주는 것이다. 2시간을 공부해야 한다면 30분씩 4번 집중하면 된다. 굳이 2시간의 집중력을 가져야 한다는 것은 고정 관념이다. 아이에게 잘 맞는 방법이 최상의 효과를 가져온다는 점을 명심하자.

다하니까 기분이 어때?

아이가 자신의 공부 정도를 기록하고 그날 할 일을 다 끝낸다면 다음 질문이 중요하다.

👧 "다하니까 기분이 어때?"

자신이 하기로 한 것을 이루었을 때 느낌이 어떤지 질문해야 한다. 칭찬이나 격려를 받기 전에 스스로 자신에 대해 어떻게 느끼고 생각하는지가 더 중요하다. '아, 내가 이런 나를 무척 자랑스러워하는구나. 내가 계속 이렇게 스스로 공부하고 과제를 해내고 싶어 하는구나'라는 것을 알게 된다. 즉 자신이 진정으로 원하는 것이 무엇인지 깨닫는다. 그러면 다음 과제를 수행할 때는 한 단계 성장하고 발전한 모습을 보인다. 자기 느낌을 말하는 아이에게는 맞장구치고 격려해주는 것으로도 충분하다.

👧 "정말 그렇구나. 훌륭하다. 멋지다. 엄마도 그렇게 생각해. 자랑스러워."

아이가 스스로 충분히 자신의 노력을 칭찬하고 있으니 어떤 칭찬을 해야 좋을지 골머리를 썩이지 않아도 된다. 맞장구치고 격려해주는 것은 꼭 해야 하는 과정이다. "나 대단하지?"라고 스스로 뿌듯해하는데 아무도 맞장구쳐주지 않는다면 어떨까? 자신이 마음먹고 과제를 잘했는데도 아무도 격려해주지 않는다면? 허무감, 허탈감이 느껴진다. 누군가 알아주고 격려해주어야 완전해진 느낌이 든다. 커가는 아이라서 더 그렇다.

이렇게 작은 과제라도 성공적으로 수행한 경험은 다음 공부를 위한 동기 부여에 중요한 역할을 한다. 이때 필요한 질문은 다음 과제의 목표에 대한 것이다.

👧 "다음 목표는 뭐야? 얼마만큼 하고 싶니? 시간이 얼마나 걸릴 것 같아?"

이렇게 바꾸어 질문해도 좋다. 하루하루의 목표를 잡는 질문은 구체적일수록 효과적이다. 어느 과목의 어떤 문제를 얼마만큼 풀지, 어느 정도의 시간을 목표로 잡을지 질문하면 된다. 오늘 할 과제를 성공적으로 수행한 아이는 다음 목표를 정하는 데 머뭇거리지 않는다. 이미 자신은 잘할 수 있다는 자신감이 충만하기 때문이다. 자신이 정한 과제를 수행할 때 더 이상 산만하지도 않다. 억지로 목표를 설정한 것이 아니라 스스로 정하고 시간을 재며 했기 때문에 재미도 있고 집중도 잘된다. 아이가 산만하고 집중을 잘 못한다는 말은 어른들이 집중할 수 있도록 도와줄 줄 모른다는 말이기도 하다. 스스로 목표를 정하고 환경을 조성할 수 있게 도와준다면 누구라도 자신만의 집중 스타일을 발전시킬 수 있다.

말만 하고 실천하지 않아요
_ 분명히 이유가 있을 거야

초등학교 5학년 인성이가 숙제를 1시간 만에 끝내기로 했는데 친구랑 문자 하느라 약속한 시간이 훌쩍 지나갔다. 숙제가 끝난 후에는 학원도 가야 하고 오늘은 집안 행사가 있는 날이라 저녁엔 가족 모임에도 참석해야 한다. 엄마는 정말 미칠 것 같이 화가 나고 속상하다. 이런 경우 어떻게 하면 좋을까?

물론 엄마가 이렇게 화가 날 경우엔 우선 엄마 자신이 마음을 추스르는 게 우선이다. 화를 낼 수도 있겠지만, 아이의 행동을 달라지게 하려면 엄마 마음을 스스로 안정시키는 과정이 꼭 필요하다.

엄마가 마음이 안정되었다면 이제 아이를 살펴보자. 아이는 어떤 마음일까? 아이도 아마 문자를 계속할 수밖에 없는 이유가 있지 않을까? 이럴 때 따뜻한 엄마의 말이 필요하다.

 "문자를 해야 하는 이유가 있었나 보다."

그랬더니 아이가 갑자기 변명처럼 말을 늘어놓는다. 오늘 두 친구가 싸웠는데 잘못한 아이가 사과하지 않았고 그래서 내일 엄마들이 학교에 오기로 했단다. 처음엔 아이들이 소문을 전하는 문자를 시작했지만 누군가 두 아이를 사과시키자고 제안해서 어떻게 하면 좋을지 서로 의견을 말하느라 시간이 훌쩍 지났다는 것이다.

순간 엄마는 문자 하느라 시간을 다 보내버린 아이를 혼내려는 마음은 어디론가 가버리고, 그 일을 주도한 아이가 바로 우리 아이였으면 좋겠다고 생각했다. 그리고 공연히 혼내려고 했던 자신이 오히려 부끄러워졌다. 이유를 묻지 않고 혼낼 뻔했지만 '엄마의 말'을 잘 사용한 것이 너무 다행이라고 생각했다. 그렇다. 아이들의 세계에도 늘 사건과 사고가 끊이지 않고 일어난다. 그런 소식도 주고받고 의견도 주고받으며 아이들은 자라고 있다.

아이가 말한 대로 실천하지 않는 데는 이렇게 분명히 이유가 있다. 조금이라도 엄마가 아이의 마음을 알아준다면 아이는 미안하고 고맙다. 그러니 이런 말을 해주면 참 좋다.

👧 "너도 모르게 시간이 너무 빨리 갔구나."

아이를 잘못한 마음에 머물게 하면 죄책감만 커진다. 숙제를 미룰 수밖에 없었던 이유를 들어주고 그 마음에 공감해준다면 아이는 자기가 할 일을 무척 잘하고 싶어 한다. 다음엔 어떻게 하는 것이 좋을지 충분히 생각한다. 아이는 이제 진짜 결심한 듯 말한다.

👦 "엄마, 그래도 다음엔 꼭 제시간에 숙제할게요."

모든 아이는 잘하고 싶다. 엄마한테 "열심히 할게요"라고 할 때는 진심을 담아 말한다. 거짓말이 아니다. 안 해놓고 했다고 말하는 건 거짓말이지만, 하겠다고 말하고서 못 한 것은 거짓말이 아니다. 꼭 하고 싶었지만 다른 이유가 생겼거나 자신도 모르게 딴생각이 나고 집중이 안 되는 것이다. 잘하고 싶지만 마음대로 안 되는 아이를 도와주기 위해서는 좀 더 쉽게 할 수 있는 방법에 관해 이야기를 나누어보자.

👧 "네가 쉽게 할 수 있는 방법은 무엇일까?"

공부하려 했지만 쉽게 다른 데 정신을 파는 이유가 있다. 공부가 어렵거나 부담스러운 경우다. 쉽고 금방 끝낼 수 있는 공부는 미루지 않는다. 언제든 쉽게 마무리한다. 그러니 아이에게 쉽게 할 수 있는 것이 무엇인지 질문해보자. 같은 문제집 중에서도 쉽게 풀리는 부분이 있고 어려운 부분이 있다. 딴것에 정신 팔리기 쉬운 아이는 혼자 공부할 때 쉬운 부분을 공부하게 하는 것이 좋다.

문제집을 꼭 순서대로 풀어야 한다고 생각하면 이 방법을 적용하기 어렵다. 문제집의 순서는 어른들이 판단한 것일 뿐 모든 아이에게 가장 적합한 순서는 아니다. 아이마다 자신에게 맞는 순서가 있다. 그러니 아이에게 먼저 혼자 할 수 있는 부분을 물어봐서 어느 부분을 할 것인지 정하게 하는 과정이 필요하다. 공부를 잘하게 하려면 할 수 있는 것을 성공하게 하는 방법이 비결이다. 혼자 할 수 있을 정도의 쉬운 공부를 먼저 선택한다면 실패하는 일은 확 줄어든다.

💬 성공적인 실천을 위해 구체적으로 질문하기

쉽게 할 수 있는 것을 질문해도 아이가 대답을 잘하지 못한다면 좀 더 세분화해서 질문해보자. 학습의 기초가 잡히지 않아 자신에게 쉬운 것이 무엇이고 어떻게 해야 공부가 잘되는지 전혀 파악이 안 되는 경우이기 때문이다.

언제, 어디서, 무엇을, 어떻게, 왜 하려고 하는지 명확하게 한 다음 차근차근 한 걸음씩 나아갈 필요가 있다. 아이가 초등학생이든 중학생이든, 이제 시간이 없다고 생각하는 고등학생이라도 이 과정은 중요하다. 다른 아이들은 이미 잘하고 있다고 푸념만 하고 있으면 우리 아이의 공부는 계속 뒷걸음질 할 뿐이다. 좀 늦었다 싶더라도 아이가 자신에게 맞는 방법을 찾는 질문으로 다시 계획을 잡아나가는 과정이 꼭 필요하다.

틀릴 때마다 짜증을 내요
_ 넌 어떤 사람이야?

한때 〈나 이런 사람이야〉라는 노래가 인기를 얻었다. 제목만 들어도 내 안에 웅크리고 있는 무언가를 톡톡 건드려주는 기분이 든다.

😊 "그래 맞아. 나 이런 사람이야."

이렇게 따라 말하면서 내가 어떤 사람인지 생각하게 된다. 누가 "너 굉장히 잘 웃는다"라고 말하면 "맞아, 나 잘 웃는 사람이야"라고 으쓱거리게 된다. "너 기억력 되게 좋다"라고 말하면 "그래, 나 원래 그런 사람이야"라고 말하고 더 잘 기억하려고 노력한다.

자신감이 부족하고 늘 주눅이 들어 있어서 상담실에 찾아온 1학년 아이에게 이 노래의 앞부분을 들려주었다. 그리고 "넌 어떤 사람이야?"라고 물었다. 처음엔 아무 말도 하지 못한다. 날마다 "너 도대체 왜 그러니?"라는 말만 들으며 살았던 아이는 멀뚱멀뚱 쳐다만 본다. 아이가 이해할 수 있도록 예를 들려주었다.

> 👩 "선생님은 어떤 사람인 줄 알아? 선생님은 아이들하고 이야기하기를 좋아하는 사람이야. 같이 게임하고 노는 것도 좋아하는 사람이야. 누가 슬퍼하면 위로할 줄 아는 사람이야. 밥을 잘 먹는 사람이야. 감기에 잘 안 걸리는 사람이야."

이 정도 이야기하니 아이가 조금씩 입을 열기 시작한다.

> 👦 "나도 밥 잘 먹는데. 노는 거 좋아하는데……"
> 👩 "그렇지, 바로 그거야!"

이렇게 맞장구쳐주니 줄줄이 자기가 어떤 사람인지 말하게 되었다.

> 👦 "나 시금치 잘 먹는 사람이야. 난 노래 잘 부르는 사람이야. 난 책을

좋아하는 사람이야. 난 엄마를 사랑하는 사람이야."

아이의 '난 이런 사람이야' 시리즈는 끝없이 늘어난다. 단순한 사실을 말하는 수준에서 좀 더 발전하여 심리적 상처를 표현하고 조절할 때도 사용할 줄 알게 된다.

🧒 "난 동생이 괴롭혀도 참을 줄 아는 사람이야. 엄마가 혼내면 그만하라고 말하는 사람이야. 친구에게 먼저 같이 놀자고 말하는 사람이야."

중요한 건 그렇게 노래하듯 외치는 아이의 표정에는 예전의 불안감이나 우울함이 보이지 않는다는 점이다. 그렇게 말하는 것만으로도 스스로 치유되고 계속해서 바람직한 행동을 하게 하는 자기 암시의 효과를 얻을 수 있다. 자신이 어떤 사람인지 말하는 것은 아이가 스스로에 대해 존중감을 갖게 되었다는 의미다.

자신을 존중하고 아낄 줄 아는 것이 건강한 정신의 시작이다. 자신을 아끼고 존중하여 아주 작은 특징이라도 스스로 당당하게 말할 수 있는 것이 중요하다. 자아 존중감은 자신의 가치를 알고 소중하게 생각하는 자신에 대한 신념이다. 나는 충분히 다른 사람의 사랑과 관심을 받을 만한 사람이라는 자기 가치에 대한 확신이다.

나를 스스로 높일 줄 알고 내가 소중하다고 생각하면 어떤 일을 선택할 때 바람직한 쪽을 잘 선택한다. 자기에게 주어진 조건에 만족하고 쓸데없는 열등감에 휩싸이지 않는다. 타인과의 공감 능력도 좋아서 사회적 관계 형성을 무척 잘한다. 친구들과 의사소통도 잘하고 갈등이 생겨도 조정하는 능력이 뛰어나다. 무엇보다 무슨 일이 생기면 적극적으로 해결하기 위해 애쓴다. 그리고 배우고 공부하는 일도 스스로 잘할 수 있다고 믿는다.

😊 "넌 어떤 사람이야?"

이 질문은 아이가 자신이 어떤 사람인지 생각할 수 있게 해준다. 늘 부모님이나 선생님, 친구의 평가로 자신을 파악하던 아이가 스스로 자아를 형성해간다. "난 이런 사람이야"라고 말하는 아이의 얼굴은 자랑스럽게 빛난다. 혹시 아이가 자신에 대해 부정적인 말을 한다면 왜 그렇게 생각하는지 되물어보자. 그리고 아이가 부정적으로 생각하게 된 사건을 다르게 해석하도록 도와주어야겠다.

문제를 푸는데 많이 틀리면 누구나 기분이 나쁘다. 자신의 능력이 모자라는 것 같아 속상하다. 그런데 이것이 자존감에 직접 영향을 미치지는 않는다. 중요한 것은 그다음의 일이다. 틀린 문제를 어떻게 다루는가가 핵심이다. 한두 번 다시 풀어도 잘 안 될 때는 아이에게 이렇게 말해보자.

👧 "이렇게 뭔가 잘 안 될 때는 몇 가지 방법이 있어. 어떻게 하고 싶니?"

① 지금처럼 계속 짜증 내며 푼다.

② 그냥 팽개치고 다시는 하지 않는다.

③ 쉬었다가 나중에 다시 풀어본다.

④ 누군가에게 질문한다.

③, ④ 둘 다 좋은 방법이다. ③처럼 쉬었다 다시 풀면 신기하게도 쉽게 풀리는 경험을 할 수 있다. ④처럼 질문하고 도움을 받는 것도 좋은 방법이다. 중요한 건 짜증 내지 않고 새로운 방법으로 공부할 수 있다는 사실을 아는 것이다. 그런 방법으로 공부하는 아이는 공부에서 어려움이 생겨도 쉽게 해결책을 찾는다. 어려운 문제를 만나면 고개를 갸우뚱하며 열심히 푼다. 아이의 얼굴은 개운함과 해냈다는 뿌듯함으로 환해진다. 이렇게 공부하는 아이에게 질문해보자.

👧 "넌 어떤 사람이야?"

👦 "난 끝까지 다하는 사람이에요. 포기하지 않는 사람이에요."

아마 조금씩 표현은 다르겠지만 분명 이런 의미로 대답할 것이다. 공부를 좋아하고 잘하는 아이가 지니는 특징을 아이가 스스로 말하도록 하는 것이 중요하다. 이렇게 당당하게 말하는 아이가 열심히 공부하게 된다.

했니? 안 했니?
_ 어떻게 생각하니?

"했니? 안 했니?"

"어떻게 생각하니? 왜 그럴까?"

어떤 질문이 사고력을 키우는 데 도움이 될까? 사고력이란 생각하고 궁리하는 힘이다. 요즘 아이들을 보며 흔히 생각하지 않는다는 말을 많이 한다. 늘 가르침을 받고 지시에 따르다 보니 생각할 기회가 없기 때문이다. 그런데 아이들은 억울하다. 늘 시키는 대로 하라고 하면서 정작 문제를 풀거나 공부할 때는 생각을 요구하니 말이다. 시키는 대로 하며 자란 아이들은 생각하고 궁리하는 것이 어렵기만 하다.

사고력은 언제 어떻게 발달할까? 사고력이 발달하는 가장 쉬운 방법은 부모와 나누는 일상 대화에서다. 대화를 나눌 때 "어떻게 생각하니? 왜 그럴까?"라는 질문으로 바꾸기만 해도 우리 아이의 사고력은 저절로 발달한다. 부모가 생각을 물었으니 '난 어떻게 생각하지?' 하고 저절로 생각에 빠져든다. 물론 금방 답을 찾지 못하는 경우가 더 많다. 하지만 아이는 스스로 답을 찾을 때까지 두고두고 생각한다. 그러니 자연스럽게 사고력이 발달할 수밖에 없다.

그런데 이렇게 물으면 짜증 내며 그만 물으라고 말하는 아이도 분명히 있다. 단답형의 닫힌 질문에만 익숙한 아이다. 생각하지 않는 게 더 편해서 그렇다. 생각하는 것은 에너지가 필요한 일이고, 2개의 신경 세포가 접합하는 부분인 시냅스가 새롭게 만들어지는 작업이다. 뇌세포 사이에 새로운 길이 만들어지는 일인데 어떻게 쉽기만 하겠는가? 수풀이 우거진 산길에 오솔길을 만드는 작업과 똑같다. 수없이 사람들이 밟고 지나야 길이 만들어진다. 그러니 그 과정에서 아이가 힘들어한다면 쉬어가며 천천히, 익숙해지도록 도와주면 된다.

"넌 어떻게 생각하니?"의 대상이 되는 목록은 무궁무진하다. 조금만 연습하면 누구나 쉽게 일상에서 소재를 찾을 수 있다. 우선 사물에 대한 질문이 가능하다. 사람의 행동에 관한 질문도 가능하다.

예를 들어 기다랗게 생긴 벤치 중간에는 칸을 나누는 작은 철봉이 설치되어 있다. 예전에는 보이지 않았던 모습이다. "왜 설치했을까?" 혹은 "벤치 중간에 칸막이 봉을 설치하는 데 대해 어떻게 생각하니?" 하고 물어보자.

예전에는 있던 것들이 이제 보이지 않게 된 경우도 많다. 예전에는 놀이터에 모래가 깔려 있었지만 요즘 놀이터는 모래가 아니라 고무 재질인 탄성 포장으로 바뀐 곳이 많다. 2곳의 놀이터에서 놀아본 아이에게 물어보자. "2가지 바닥재에 대해 어떻게 생각하니? 왜 모래에서 고무 재질로 바뀌고 있을까?"라고 물으면 된다. 그 이유가 무엇인지 혹은 자기 생각은 어떤지 찾아가는 과정이 중요하다.

책을 비교하면서 해도 좋다. 개미에 대한 백과사전을 2~3권 펼쳐놓고 비교해보자. 분명 마음에 드는 책도 있고 마음에 들지 않는 책도 있다. 아이에게 어떻게 생각하는지 질문해보자. 각각의 책을 어떻게 생각하는지 물으면 아이는 제 생각을 말한다. 글자 크기에서부터 사진 배치, 편집 스타일, 읽을 때의 불편함 등 아이의 생각이 전문가에 버금간다는 것을 알게 될 것이다.

이런 질문을 받다 보면 아이는 궁금증이 생기기 마련이다. 생각의 근거가 되는 지식에 대한 궁금증이다. 생각하려면 그것의 근거가 되는 관련 지식이 필요하다. 그럴 땐 미루지 말고 아이에게 백과사전을 찾거나 검색해서 알아보게 하는 것이 중요하다. 아이들은 새로운 사실이나 지식을 알게 되는 것을 즐긴다. 의미 없이 기억하기 위해 공부하는 것은 재미가 없지만, 궁금증에 대한 자기 생각을 정리하고 발전시키기 위해 지식을 배우는 것은 좋아한다.

일상 대화에서 생각하는 습관을 들인 아이는 책을 읽을 때도 공부할 때도 쉽게 생각할 수 있다. '이건 왜 이럴까? 저건 왜 저럴까?' 하는 의문에서 시작해 '아, 그렇구나' 하는 깨달음에 도달한다. 그런데 이 질문은 유아기에는 누구나 잘하는 질문이다. "왜?"라는 질문이 바로 그것이다. 궁금한 게 많아서 늘 "왜?"라고 질문한다. 그런데 엄마는 정답만을 말해주어야 한다고 아이의 질문을 오해한다. 그래서 잘 모르는 걸 질문하면 귀찮고 대답하기 어려워한다.

하지만 의외로 간단한 방법으로 아이의 사고력을 키울 수 있다. "글쎄, 왜 그럴까? 넌 어떻게 생각하니?"라고 되물으면 된다. 아이는 답을 듣고 싶기도 하지만 자기 생각을 물어봐주기를 더 기다린다. 엄마가 되물어주면 대부분 아이는 자기 생각을 말한다. 이제 엄마는 맞장구쳐주면 된다.

사고력을 키우는 재미있는 방법이 있다. 바로 관찰력을 키우는 일이다. 똑같은 사물을 보고도 어떤 사람은 기억하지 못하고 어떤 사람은 잘 기억한다. 혹은 서로 다르게 기억하기도 한다. 관찰은 우선 있는 그대로 자세히 보는 데서 시작한다. 익숙한 대상에 고정 관념이 강하거나 선입견이 있다면 우리는 대상을 정확하게 관찰하는 데 어려움이 있다. 혹은 관찰하기는 하지만 제대로 인식하지 못해서 엉뚱하게 표현한다.

학교 운동장에 있는 것을 관찰하는 숙제가 있다. 진영이는 학교 운동장을 열심히 관찰한다. 진영이가 관찰한 것은 '축구 골대, 철봉, 벤치, 화단' 이렇게 4가지다. 같은 반 친구인 현식이는 '축구 골대, 철봉, 벤치, 화단, 은행나무, 현관 입구 안내판, 모래 바닥' 이렇게 8가지를 관찰했다. 왜 두 친구는 같은 공간에서 같은 시간을 투자해 관찰했는데 이런 차이가 날까? 진영이는 자신이 관심이 있는 것만 관찰했다. 현식이는 말 그대로 있는 것을 그대로 보고 관찰했다. 아이들은 대부분 진영이 같다. 자신이 좋아하고 관심 있는 것은 잘 관찰하는 반면 그렇지 않은 것은 제대로 관찰하지 못한다.

그러나 좋아하는 것만 배우며 살 수는 없으니 관심이 없는 것도 자세히 관찰하는 방법을 익히도록 도와주어야 한다. '길 가다가 눈에 보이는 것 차례로 말하기', '놀이터에 있는 것 생각나는 대로 말하기' 같은 게임으로 아이의 관찰력을 높여주면 좋다. 계속 가짓수를 늘려가며 찾는 게임을 하면 재미도 있고 아이도 자신의 능력이 향상됨을 확인하며 점점 더 발전시켜나갈 수 있다. 관찰력을 키우면 더 많이 볼 수 있고 또다시 보는 만큼 알게 되는 과정이 선순환되어 아이의 사고력이 발달한다.

숙제했다고 거짓말해요
_언제 숙제를 하고 싶니?

아이들은 숙제했다고 말하고 사실은 해놓지 않은 경우가 많다. 참으로 막막하다. 안 했으면 안 했다고 말하지 왜 거짓말까지 해서 엄마 속을 이렇게 뒤집어놓는 걸까? 그런데 어쩔 수 없다. 아이라서 그렇다. 아직 미성숙하고 성숙해지기 위한 과정을 지나고 있기 때문이다. 우리 아이가 진정 성숙해지려면 이런 과정도 거쳐야 한다.

공부나 숙제에 관한 거짓말은 엄마가 확인하기 때문에 금방 탄로가 난다. 아이의 거짓말을 확인하게 되면 날 잡은 것처럼 아이를 혼내고 다그치기 마련이다. 아이는 자신의 잘못이 들통났기 때문에 꼼짝없이 죄인이 된다. 혼이 날 수밖에 없다. 하지만 그렇게 단단히 혼을 냈건만 다음에도 그 버릇이 계속되는 것이 문제다.

한 번 혼내서 아이의 나쁜 버릇이 바뀌면 얼마나 좋을까? 하지만 전혀 그렇지 않다. 그러니 이제 아이의 거짓말을 확인하면 엄마의 말을 제대로 사용해보자. 지금까지와는 다른 말로 이 문제를 해결해야 한다. 《엄마의 말 공부》에서 강조한, 아이의 정서적 안정과 행동 변화를 위한 엄마의 전문용어를 다시 기억해보자.

👧 "힘들었지? 이유가 있을 거야. 그래도 좋은 뜻이 있었구나. 앞으로 어떻게 하면 좋을까?"

이렇게 보니 지금 거짓말한 아이에게는 모두 꼭 필요한 말임을 알 수 있다. 엄마는 있는 대로 화풀이라도 하지만 아이는 자신이 잘못했기 때문에 그럴 수도 없다. 그러니 아이의 마음을 읽어주는 것이 필요하다. 혼을 내지 않고 바로 읽어주면 더 좋겠지만 혼을 내고 난 다음이라도 괜찮다. 엄마가 아이의 마음을 알고 있음을 전달하는 것이 중요하다.

👧 "거짓말하고선 마음이 많이 불편했겠구나."
"엄마한테 들킬까 봐 초조했겠다."
"엄마가 무작정 화를 내서 힘들었겠다."

이런 말로 아이의 마음을 읽어주면 아이는 더 울먹인다. 엄마가 알아주니 너무 고맙고 더 죄송한 마음이 들기 때문이다. 말로 표현하지 않을지라도 다시는 그러지 말아야겠다는 다짐도 한다. 엄마가 자신의 마음을 알아주는 것만으로도 아이들은 진심 어린 반성을 한다.

💬 숙제란 뭘까?

아이의 마음을 읽어주어 아이가 안정되면 가장 먼저 아이가 숙제를 어떻게 생각하는지 알아보자. 아이들에게 숙제란 뭘까? 아이들이 말하는 숙제란 참으로 귀찮고 힘겨운 존재다.

> 😊 "숙제 때문에 공부가 싫어요. 숙제 때문에 학교 가기 싫어요. 숙제하느라 아무것도 못 해요. 숙제가 없어졌으면 좋겠어요."

아이들의 말을 들어보면 정말 숙제란 없어져야 할 존재로 느껴질 정도다. 하지만 선생님이 말하는 숙제는 전혀 다른 의미다. 예습과 복습을 하게 하고 공부를 잘하게 하는 가장 중요한 수단이다. 숙제만 잘해도 공부를 잘할 수 있다고, 자발적으로 공부를 하지 않으니 숙제라도 내주어야 한다는 것이다. 듣다 보니 악순환의 구조

속에서 숙제란 녀석이 이리 차이고 저리 차이는 느낌이다. 숙제 본연의 가치를 다시 살리려면 숙제에 대한 아이의 인식이 달라져야한다. 지금 아이에게 숙제란 공부를 싫어하게 만드는 가장 중요한이유다. 그러니 아이가 숙제를 어떻게 생각하는지 질문해서 숙제때문에 쌓인 아이의 마음을 알아주는 과정이 꼭 필요하다.

🗨️ 숙제를 쉽게 하는 방법은?

그런데도 아이들은 숙제는 꼭 해야 한다는 데 동의한다. 이제 어떻게 하면 좀 더 쉬운 방법으로 숙제를 할 수 있을지 질문하자. 엄마가 이런저런 해결책을 제시하는 것은 별로 효과가 없다. 아이에게 질문해서 아이가 할 수 있는 방법, 원하는 방법을 찾도록 도와주는 것이 더 효과적이다.

초등학생의 숙제는 어른의 도움이 필요한 경우가 많다. 아이가혼자 힘으로 하는 것이 가장 바람직하지만, 아직 그럴 준비가 되지않은 아이라면 도움이 필요하다. 단, 아이가 자립할 수 있도록 하는도움을 말한다. 저학년 아이들은 "엄마가 옆에 있어 주세요"라거나"설명해주세요"라고 요청하는 경우가 많다. 고학년은 "그냥 제가할게요"라고 말하기도 하지만, 혼자 한다고 말만 하고 하지 못하는 경우가 많으니 이야기를 좀 더 나누는 것이 좋겠다. 그래도 엄마의 도움을 거부한다면 아이가 숙제를 다할 때까지 기다려주거나 옆에서 책을 보며 있는 것도 도움이 된다.

숙제를 쉽게 할 수 있는 방법을 질문하면 대부분 아이들은 자신이 바라는 엄마의 도움에 관해 이야기한다. 혹시라도 아이가 요청하는 것이 마음에 들지 않더라도 일정 기간은 수용해주자. 말하라고 해서 말했더니 거절당하는 경험은 아이의 말문을 닫게 한다. 두세 번 정도 아이의 요청대로 받아주고 난 다음 계속되는 경우에는 그 어려움을 나누면 된다.

아이의 요청을 전혀 받아들일 수 없는 경우도 있다. 쓰기 숙제, 인터뷰 숙제, 그리기나 만들기 숙제를 대신해달라는 경우다. 이럴 때는 엄마도 그러고 싶지만 그렇게 못 하는 데 대한 안타까움을 전하는 정도에 머무르면 된다. 정말 안쓰러워서, 혹은 안 해가면 안 된다는 절박감에 아이의 숙제를 대신해주면 안 된다. 아이를 망치는 길이다. 대신해주지는 못하지만 네가 다할 수 있을 때까지 도와주겠다는 엄마의 마음을 다시 전달하자. 아이도 당장 급한 마음에 해본 말이지 엄마가 해주기를 정말 원하지는 않는다. 엄마가 해준 숙제를 들고 학교에 가면 아이는 또 다른 불안감에 시달린다. 아이를 돕자고 한 일이 아이에게 더 큰 문제를 일으킨다. 아이가 원하는 만큼만 도와주는 것이 가장 좋다. 다음은 각 상황에서 활용하면 효과적인 엄마의 말이다. 응용해서 사용하면 좋겠다.

✏️ **숙제를 안 하고 있을 때 필요한 엄마의 말**

언제 숙제를 하고 싶니?
알람을 이용할래? 아니면 엄마가 알려줄까?
숙제하는 데 시간이 얼마나 걸릴까?
시간이 너무 늦어지면 어떻게 하지?
만약 네가 또 미루면 어떻게 하면 좋을까?

✏️ **숙제하는 데 시간이 너무 오래 걸릴 때 필요한 엄마의 말**

숙제하는 데 어려운 점은 뭐니?
어떻게 하면 쉽게 할 수 있을까?
숙제하는 데 필요한 책이나 도구는?
엄마가 도와줄 일은?
숙제가 끝난 후에 하고 싶은 일은?

✏️ **학습지를 미루고 안 할 때 필요한 엄마의 말**

학습지 공부를 어떻게 생각하니?
학습지를 계속하고 싶다면 어떤 방법으로 하면 좋을까?
일주일에 몇 번 공부하고 싶니?
학습지를 공부하는 요일을 정하면 어떨까?
만약 미루게 되면 어떻게 하면 좋을까?

취미 생활에만 빠져 있어요
–취미처럼 다른 공부도 해보면 어떨까?

초등학교 4학년 진경이는 여자아이지만 과학을 좋아한다. 로봇 조립하는 것을 무척 좋아하지만, 엄마는 아이가 관심 없는 국어와 영어 학습을 시키기 위해 억지로 학습지도 풀게 하고 학원도 보낸다. 반면 아이가 좋아하는 로봇에 대한 활동은 가능하면 못 하게 하려고 애를 쓴다. 진경이는 날이 갈수록 점점 공부에 흥미를 잃고 그냥 친구들과 돌아다니거나 무기력한 모습을 보이게 되었다.

이래서는 앞으로 아이가 어떤 모습을 보일지 뻔했다. 엄마는 다르게 하기로 마음먹었다. 그리고 진경이가 좋아하는 로봇 만들기 강좌를 듣게 허락해주었다. 당연히 진경이는 무척 좋아했다. 진경이는 그곳에서 관찰하고 보고서 쓰는 방법도 배웠다. 학교에서도 가르쳐주었지만 기억나지 않았다. 왜? 관심이 없었으니까.

그런데 자신이 좋아하는 로봇을 관찰하고 분해한 것에 대해서는 먼저 나서서 보고서를 어떻게 써야 하는지 물어본다. 자신이 보고 생각한 것, 느낀 것, 다음에 더 알고 싶은 것을 줄줄 써 내려간다. 로봇에 관한 뉴스를 스스로 찾아서 읽는다. 모르는 말이 나오면 인터넷 사전으로 검색한다. 로봇의 쓰임새나 로봇을 더 잘 배우기 위해 어떻게 해야 하는지 스스로 알아가기 시작한 것이다. 엄마는 그저 아이가 신나서 재잘거리는 로봇에 관한 이야기를 들어주고 맞장구쳐주면 되었다.

다른 과목 공부를 소홀히 하는 것 같아 걱정은 되었지만, 아이가 밝아지고 말도 많이 하니 좀 더 응원해주기로 했다. 그런 시간이 3~4개월쯤 지나자 진경이의 변화가 눈에 띄기 시작했다. 우선 늘 활발하고 밝은 모습이 되었다. 무기력하고 짜증이 많던 아이가 어느새 적극적이고 활달해졌다.

그러다 학교 조별 활동에서 사회 시간에 '도시와 촌락의 생활 모습을 조사하고 관계를 알아보기' 활동을 하게 된다. 사회는 평소에 아이가 싫어하던 과목이다. 엄마는 로봇에 대해 공부하던 아이의 모습을 사회 공부에 적용하면 좋겠다고 생각했다.

 "로봇 공부처럼 다른 공부도 해보면 어떨까?"

잔뜩 찌푸리고 있던 진경이가 "로봇처럼? 어떻게?"라고 혼잣말처럼 말하더니 갑자기 "아!" 하는 탄성을 지른다. 진경이는 무언가를 알아보고 조사할 땐 무엇을 살펴보아야 할지 잘 알고 있었다. 로봇 공부의 방식을 사회 과목에 그대로 적용하기 시작했다.

먼저 사회 과제의 조사 방법을 생각해냈다. 로봇을 공부하던 바로 그 방식으로. 사진 자료 수집하기, 엄마나 아빠 혹은 선생님 등 어른들에게 질문하기, 인터넷 활용하기, 신문이나 방송 활용하기, 도서관에서 책 찾아보기. 그렇게 얻은 자료를 모아 분류하며 보고서를 써나갔다. 다음은 진경이가 로봇을 공부하는 방식을 사회 과목에 적용한 표다.

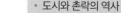

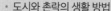

로봇	도시와 촌락의 생활 모습
• 로봇의 역사	• 도시와 촌락의 역사
• 로봇의 쓰임새	• 도시와 촌락의 생활 방법
• 로봇의 만드는 방법	• 도시와 촌락의 형성 과정
• 로봇의 다양한 모양	• 다양한 도시 모습과 촌락의 형태
• 로봇을 좋아하는 이유	• 도시가 좋을까? 촌락이 좋을까?
• 앞으로 연구해보고 싶은 것	• 내가 좀 더 알아보고 싶은 것

물론 친구들과 함께했지만, 진경이는 친구들을 이끌고 있었고 아주 멋진 보고서를 만들었다. 무언가를 집중하고 생각하며 탐구

해가는 모습이 아이가 로봇에 대해 알게 되던 모습과 너무 똑같았다. 분명 아이가 좋아하지 않는 과목이었는데 로봇을 공부하고 배우던 방식으로 주도적으로 사회 과목을 공부해나갔다. 이런 경험을 한 후 진경이는 엄마에게 이렇게 말했다.

> 🧒 "엄마, 사회도 공부해보니까 재미있는 것 같아요."

아이들은 좋아하는 취미가 한 가지씩 있다. 바둑을 좋아하는 아이도 있고 음악을 좋아하는 아이도 있다. 취미와 공부는 별개가 아니다. 배우고 익혀간다는 점에서 공부와 똑같다. 취미가 발전해 특기가 되려면 제대로 배우고 공부해야 한다. 한 가지를 제대로 배우고 공부할 줄 아는 아이는 바로 그 방식을 공부에 적용할 줄 안다.

아이가 자신의 취미와 가장 관련된 과목과 연결하여 조금이라도 흥미를 느낀다면 아이는 공부에 대해서도 좋은 인상을 받는다. 취미는 음악이나 체육처럼 중요 과목이 아니어도 괜찮다. 한 가지 과목에서 즐겁게 공부하는 아이는 다른 과목도 잘할 수 있다. 자신이 좋아하는 과목을 공부하며 방법을 터득하기 때문이다. 스스로 필요성만 느낀다면 다른 과목도 얼마든지 잘할 수 있다.

취미를 제대로 공부하면 진짜 공부는 언제 하는가 싶어 조바심이 날 수도 있다. 하지만 초등학교 시기는 전혀 늦지 않다. 오히려 제대로 된 공부를 시작한다면 남보다 훨씬 빨리 공부를 배우는 것이다. 중고등학생도 마찬가지다. 실제로 대학 입시를 위한 자기소개서에 무엇을 쓸 수 있을지 생각해보자. 자신의 취미를 초중고를 거치며 약 10여 년 동안 발전시켜온 아이라면 누가 봐도 믿음직하고 발전 가능성이 보인다. 취미 활동하느라 시간을 빼앗겨 성적에 지장이 있으리라는 건 엄마의 기우일 뿐이다. 반대의 경우를 생각해보면 쉽게 알 수 있다. 만약 하고 싶은 취미를 못 하게 한다면 그 에너지를 아이는 공부에 쏟을 수 있을까? 절대 그렇지 않다. 섣부른 욕심은 화를 불러일으킨다. 천천히 가는 것이 가장 빠른 지름길이다.

게임만 하고 싶어요
_게임을 잘하는 데 필요한 것은?

요즘 아이들에게 게임과 유튜브보다 더 재미있는 것이 있을까? 남자아이들은 게임에 여자아이들은 유튜브에 빠져 있는 경우가 대부분이고, 그것이 제일 재미있다고 말한다. 그런데 적은 수이긴 하지만 공부에 재미를 붙이는 아이도 분명히 있다. 그 차이는 무엇일까? 부모의 유전자가 좋아서? 부모가 운이 좋아서? 절대 아니다. 공부를 게임과 유튜브보다 더 좋아하는 아이는 단지 공부의 재미를 먼저 깨달았기 때문이다.

만약 우리 아이가 공부에 먼저 재미를 붙였다면 게임을 한다 해도, 유튜브를 본다 해도 조절력을 가지고 멈출 수 있게 된다. 어떤 일을 계속하기 위해서는 재미도 있어야 하지만 의미도 있어야 한다. 공부에 먼저 재미를 붙인 아이는 게임이 재미는 있지만, 자신에게 의미가 없다고 느끼기 때문에 더는 계속할 이유가 없다.

반대로 게임에 먼저 재미를 붙인 아이는 게임에서 재미뿐 아니라 의미도 찾으려 한다. 레벨을 올리면서 친구들에게 자랑거리가 생기고 그 덕분에 친구들과 더 친해진 것 같은 느낌이 든다. 공부는 별로지만 게임을 할 때만큼은 자신이 최고라는 생각이 들거나 조금만 더 하면 최고가 될 수 있다고 생각한다. 이 정도가 되면 게임은 아이에게 매우 중요한 의미를 지닌다.

아이에게 게임이 재미있는 이유를 질문하자. "재미있어서"라는 답이 나올 것이다. 재미 이외의 이유도 또 질문하자. 얼마만큼 하면 충분히 만족하는지, 게임을 날마다 하는 것이 무슨 의미인지 질문해보자. 게임이 재미있다는 막연한 생각에 머무르는 아이는 게임에서 빠져나오기 어렵다. 왜 재미있는지, 그래서 자신에게 어떤 의미가 있는지 질문하면 아이 스스로가 게임이 자신에게 어떤 의미인지 생각해볼 수 있다. 이 질문에 아이가 똑 떨어지는 답을 하지 못할 수도 있다. 하지만 질문을 던진 것 자체로도 충분히 의미가 있다. 아이가 생각하고 고민하기 시작하니까.

💬 게임을 잘하는 데 필요한 것은?

아래는 게임의 고수들이 말하는 게임을 잘하는 데 필요한 것이다.

> ✏️ **게임을 잘하는 데 필요한 것**
>
> 1. 게임의 패턴 이해하기
> 2. 자기 컨트롤하기
> 3. 1과 2를 연습하기 위해 시간 투자하기
> 4. 타고난 재능
> 5. 운

    여기서 4와 5는 우리가 노력한다고 되는 부분은 아니므로 제외하고 생각해보자. 1에서 게임의 패턴이란 게임이 어떤 일정한 유형을 가졌는지 그 내용을 아는 것을 말한다. 게임이 어떤 패턴으로 진행되는지 제대로 알면 게임을 잘하게 될 것이다. 2에서 자기 컨트롤은 자신에 대해서 아는 것이다. 게임에서도 자신의 성향을 잘 알아야 공격을 할 것인지 잠시 후퇴할 것인지 조절할 수 있다. 자신이 충동적임을 알면 스스로 조절해야 게임을 잘할 수 있다. 3에서 시간 투자도 참으로 맞는 말이다. 1, 2는 연습하면 할수록 잘하게 된다. 그러니 완숙의 단계가 되기 위해 시간 투자는 필수 조건이다.

이것을 공부를 잘하는 데 필요한 것으로 바꾸어 생각해보자.

첫째, 공부를 잘하려면 공부의 패턴을 이해해야 한다. 각 과목은 학년별로 전체적으로 일정한 패턴으로 진도가 나아간다. 각 단원도 마찬가지다. 이걸 이해한다면 이미 배우기 전에 절반은 이해하고 시작하게 된다. 공부 잘하는 아이들이 공부의 패턴을 잘 이해하고 있다는 사실이 이를 증명한다.

둘째, 자기 컨트롤하기는 공부에 그대로 적용된다. 하루라는 정해진 시간에 공부를 좀 더 많이 하는 사람이 잘하게 된다는 사실은 불변의 진리다. 이때 좀 더 많이 하고 적게 하고를 결정하는 것이 자기 컨트롤 능력이다. 자기 자신을 잘 이해하고 조절할 줄 안다면 누가 그를 당할 수 있겠는가.

셋째, 시간 투자도 마찬가지다. 잘 모르는 문제는 연습만이 정답이다. 연습을 통해 제대로 알게 된다. 연습하지 않고 잘하게 된 아이는 단지 바로 그때만 운이 좋았거나 타고난 재능이 있을 뿐이다. 우리 아이가 운이 없다고, 재능이 없다고 한탄하지 말자. 운과 재능을 능가하는 것이 바로 연습이다.

아이에게 게임을 잘하는 데 필요한 것을 꼭 질문하기 바란다. 그렇다고 앞에서 말한 것을 아이에게 잔소리하듯 설명하지는 말자. 아이들은 자신이 이미 좋아하고 잘하는 것을 분석하면 바로 그 방법을 공부에 적용할 수 있다. 이미 아이가 잘할 수 있는 것이므로 새로운 공부법을 가르쳐주는 것보다 훨씬 더 효과적이다.

엄마가 게임에 대해 질문하면 아이들은 신이 나서 이야기한다. 엄마가 모처럼 자신을 이해해주는 것 같기도 하고 말이 통하는 것 같아 기분이 좋다. 게임에 관해 이야기를 나눌 땐 아이의 말에 맞장구쳐주며 진행하기 바란다. 그리고 마음도 읽어주면 좋겠다.

> 👧 "게임처럼 공부도 재미있으면 좋겠지. 그렇구나. 엄마도 그랬으면 좋겠다."

그다음에 아이가 정말 잘하고 싶은 것은 무엇인지 질문해보자. 아이들이 가장 잘하고 싶은 것은 늘 공부다. 부모님과 선생님이 모두 공부 잘하기를 바라는 줄 알기 때문이다. 잘하고는 싶지만, 게임이 더 재미있고 공부는 재미가 없다. 이것을 다시 말로 확인하는 과정이 중요하다. 게임에 빠진 아이는 공부가 재미도 없지만, 의미도 없다고 생각할 위험이 있다. 그러니 여전히 공부는 자신에게 의미가 있다는 것을 깨우쳐줄 필요가 있다. 아마 이 질문에 대한 대답은 아이들이 시무룩하거나 망설이며 대답할 것이다. 그것으로 충분하다. 자신에게 무엇이 의미 있는지 확인하면 충분하다.

🗨️ 공부를 잘하는 데 필요한 것은?

게임을 잘하는 데 필요한 것을 충분히 나누었다면 바로 그 방법을 공부를 잘하는 방법으로 바꾸어 적용해보게 하자. 게임의 패턴이나 성격을 이해하는 것과 마찬가지로 공부의 패턴도 이해하는 과정이 필요하다. 게임의 패턴을 이해하는 아이는 학년별 교과서의 목차만 살펴보아도 공부의 패턴을 쉽게 이해한다. 문제집의 성격도 분석할 줄 안다. 그러니 자신에게 잘 맞는 문제집을 선택하는 것도 무척 잘한다.

> 👧 "게임을 잘하는 방법에 대해 분석하는구나. 훌륭하다."
> "넌 공부를 잘하는 방법도 잘 분석할 것 같아."
> "공부를 잘하는 데 필요한 것은 무엇일까?"
> "어떻게 하면 공부를 좀 더 잘할 수 있을까?"
> "공부에서 자기 컨트롤이란 어떤 것일까?"

게임에서 질문한 것을 공부로 바꾸기만 하면 의외로 아이는 자기 공부에 대해 잘 분석한다. 어떤 문제집은 펴기만 해도 질린다든지, 하루에 일정량을 정해놓고 하려니 부담스러워서 아예 하기 싫어진다든지 제 공부를 가로막는 것을 분석한다. 아이가 분석하는 것을 있는 그대로 인정해주자. 굳이 부연 설명하지 말자. 그것이 게임에 관한 관심을 공부에 적용하게 하는 방법이다.

👧 "어떤 방법으로 공부하면 게임처럼 재미있을까?"

이렇게 질문하니 어떤 아이는 엄마랑 수학 문제 풀이 내기를 하자고 한다. 초시계로 시간을 재면 재미있다고 말하는 아이도 있고, 문제를 엄마가 불러주면 좀 더 재미있을 거라고 말하기도 한다. 어떤 아이는 친구랑 같이하면 재미있다고 하고, 다하고 나서 엄마가 맛있는 간식을 해주기를 바라기도 한다. 물론 물질적 보상을 달라는 경우도 있다. 이런 경우라면 작은 것을 수용해주고 난 다음 상이 아니라 아이가 자신의 목표를 달성한 것을 축하해주어 물질적 보상의 영향을 줄여주는 것이 더 바람직하다.

아이에게 게임을 못 하게 하는 것은 거의 불가능한 시대가 되었다. 게임을 하면서 익힌 자신의 노하우를 공부에 적용하도록 이끌어주는 것이 더 효과적이다. 게임을 잘하기 위해 영어를 공부하는 아이도 있고, 게임 만드는 데 관심을 갖게 되어 프로그램을 공부하며 컴퓨터 전문가가 된 아이도 있다. 중요한 것은 무조건 못 하게 하는 방법이 아니라 인정하고 존중해주는 것, 그래서 아이가 그것을 통해 배우고 좀 더 높은 단계로 승화시킬 수 있는 발판을 마련해주는 것이다.

아이가 자신의 모든 자산을 잘 활용하여 공부를 통해 성장하도록 엄마의 말을 잘 사용해야 한다. 게임에 빠지는 아이가 왜 게임에 빠지는지 생각해보자. 그것이 바로 공부에 빠지게 하는 비결이 될 수 있다.

예습 복습을 하지 않아요
_기억나는 단어가 뭐야?

　예습 복습이라는 단어는 아이들이 별로 좋아하지 않는다. 늘 예습 복습하라는 말을 듣지만 어떻게 해야 하는지도 모르고 왜 해야 하는지도 모르는 경우가 많다. 그러니 아이에게 그 효과가 어떤지 제대로 알려주는 과정이 필요하다.

　우선 복습의 방법과 효과를 살펴보자. 아이가 한 번 배운 것을 머리에 완전히 저장하려면 어떤 과정이 필요할까? 이런 기본적인 이해 없이 무조건 아이에게 공부하라고만 하면 아이가 공부에 쏟을 에너지가 엉뚱하게 낭비된다. 독일의 심리학자 헤르만 에빙하우스의 망각 곡선을 보면 학습과 기억의 관계를 잘 이해할 수 있다. 그는 학습이 끝난 후 10분 후부터 망각이 시작된다는 사실을 밝혀냈다. 1시간 뒤에는 배운 지식의 56%, 하루 뒤에는 67%, 한 달 뒤에는 79%를 망각한다.

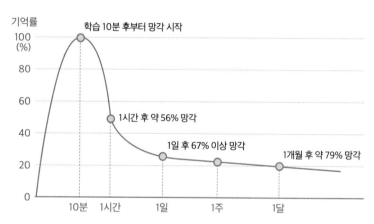

에빙하우스 망각 곡선

기억률

학습 10분 후부터 망각 시작

1시간 후 약 56% 망각

1일 후 67% 이상 망각

1개월 후 약 79% 망각

10분　1시간　　1일　　1주　　　1달

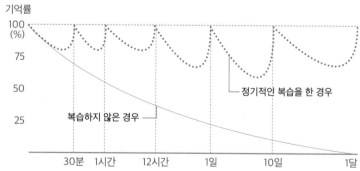

기억률

정기적인 복습을 한 경우

복습하지 않은 경우

30분　1시간　　12시간　　1일　　　10일　　　1달

결국, 배운 내용을 복습하지 않으면 아이가 기억하는 내용은 겨우 20% 정도밖에 되지 않는다. 부모는 복습하지 않으면 기억하지 못한다는 것을 경험으로 안다. 아마 이걸 걱정하기 때문에 학원을 여러 군데 보내거나 같은 과목을 학원도 보내고 과외도 시키게 된다.

반복적으로 공부하면 분명 아이가 배운 내용을 잘 기억하게 되는 것은 맞다. 하지만 여기서 추가로 생각해야 할 부분은 자발적 학습인가 아닌가의 문제다. 반복이 곧 복습이므로 여러 번 반복해서 공부할 수 있도록 여러 학원에 다닌다면 주도적 학습에서는 멀어진다. 엄마가 원하는 것은 자발적인 태도로 복습하는 것이다.

예습도 마찬가지다. 예습이란 학습할 사항을 미리 조사하고 관찰하여 문제의식을 느끼고 준비하는 과정을 말한다. 여기서 가장 중요한 대목은 '문제의식을 느낀다'라는 부분이다. 선행 학습과의 차이가 바로 이 점이다. 선행 학습은 미리 다 공부해서 알고 가는 것이고 예습이란 무엇이 궁금한지, 무엇을 알고 싶고 더 배우고 싶은지에 대한 궁금증과 호기심을 갖고 들어가는 것을 말한다. 어찌 보면 비슷한 것 같지만, 이 2가지 방법이 학습 태도에 미치는 영향은 엄청난 차이가 있다.

문제의식을 느끼게 하는 예습은 자신이 문제로 느끼는 부분을 해결하기 위해 수업에 저절로 집중하게 한다. 궁금증과 호기심은 어떤 행동을 하게 하는 가장 강력한 동기다. 수업 내용이 궁금하니 당연히 수업에 집중하여 자신이 모르던 부분을 배우게 된다.

반면 선행 학습은 그렇지 않다. 이미 알고 가니 수업에 집중할 필요가 없다. 특히 수학이나 과학 수업을 보자. 선행 학습으로 수업 시간에 산만해지는 아이들 때문에 교사들의 걱정이 크다. 이미 결과를 알고 있으니 더 궁금하지도 않다. 정답을 미리 알게 하는 선행 학습은 학습에 대한 흥미를 상실하게 한다.

신경 정신과의 인지 학습 클리닉에 찾아오는 아이는 이미 이런 방식의 공부 때문에 학습에 대한 거부감이 심각해진 경우다. 그래도 시키면 낫겠지 하는 마음에 억지로 시키지만, 자녀가 중학생이 되면 엄마도 그게 별 도움이 안 된다는 것을 알게 된다. 하지만 그 때는 이미 아이가 공부에 대해 흥미를 잃거나 수동적인 학습 습관이 들어버린 뒤라서 더욱 안타깝다. 학력이란 배우는 힘이다. 스스로 배울 힘을 주는 것이 바로 올바른 예습이다.

💬 스스로 예습 복습하는 법

에빙하우스의 그래프를 아이와 함께 보기를 바란다. 아이들도 기억에 관한 과학적 근거를 배우면 쉽게 자신의 학습에 적용한다. 전에는 잔소리로 듣던 것을 이제는 근거를 바탕으로 이해하니 스스로 더 잘하려고 노력한다.

그래프를 직접 본 아이들은 의외로 새로운 방법을 자신의 학습에 적용한다. 그러니 쉬는 시간에 복습하면 효과적이라고 설명하지 말고 아이의 입에서 그 말이 나올 수 있도록 질문하자.

👧 "언제 복습하면 효과적일까?"

"10분 후부터 망각이 시작된다고 하는데 언제 복습하면 될까?"

"1시간 뒤면 절반을 잊어버리는데 언제 복습하면 좋을까?"

아이가 복습하는 방법을 잘 모르면 복습에 대한 부담감 때문에 힘들어할 수 있다. 그러니 간단한 복습 방법을 가르쳐주는 것이 좋다.

👧 "기억나는 단어는 무엇인가?"

아이들은 자신이 관심 있는 것을 더 잘 기억한다. 그러니 제일 먼저 기억나는 대로 단어를 떠올리는 방법은 부담도 없을 뿐 아니라 오히려 재미있게 느끼기도 한다. 단어를 떠올리면 혼자서 혹은 친구에게 그 단어와 연관된 내용을 말하면 된다. 기억나는 것만 이야기해도 학습 내용 대부분을 되새길 수 있다.

🧒 "선생님이 강조한 것은?"

아이가 관심 있는 부분이 선생님이 강조한 것과 같을 수도 있고 다를 수도 있다. 선생님은 수업 내용에서 중요한 것은 늘 강조한다. 그러니 자신이 관심이 없는 부분이라도 표시해두었다가 선생님이 강조한 것을 떠올리면 자연스럽게 무엇이 중요한지 기억할 수 있다. 아무리 중요한 내용이라도 아이들은 관심 없는 것은 금방 잊어버린다. 그러니 수업 직후에 하는 이 질문이 기억을 무척 높여준다는 사실을 아이에게 가르쳐줄 필요가 있다.

10분 뒤 혹은 1시간 뒤에 내용을 기억하기 위한 복습은 시간으로 보면 학교에서 이루어져야 한다는 결론이 나온다. 주도적 학습 습관이 형성된 아이에게는 쉬운 일이지만 그렇지 않은 아이에게는 어려운 일이다. 그렇다면 아이가 집으로 돌아오면 엄마가 질문해주어야 한다. 스스로 질문을 적용하고 복습할 줄 알게 될 때까지 이렇게 도와주는 과정이 꼭 필요하다.

🧒 "언제 다시 복습할까?"

오늘 배운 내용을 한두 번이라도 복습했다면 아이에게 다시 이 질문을 하는 것이 좋다. 오늘 복습한 내용은 내일이 되면 다시 잊어버리기 시작한다. 시험 때가 되어 다시 공부하려면 무척 힘겨운 일이 된다. 그러니 장기 기억으로 저장될 때까지 두세 번 더 반복하는 것이 좋다. 하지만 학습의 주체는 아이가 되어야 하므로 이것도 아이에게 질문해야 한다. 아이가 정하는 시점에서 원하는 방법으로 복습하게 한다면 최고의 효과를 얻게 될 것이다.

💬 효과적인 예습을 위한 K-W-L 전략

효과적인 예습을 위해서는 K-W-L 전략을 활용해보자. KWL은 도나 오글 교수가 읽기 수업 모형으로 처음 개발했다. 글의 주제에 대해 자기가 이미 알고 있는 내용을 떠올리게 하고 더 알고 싶고 궁금한 것을 생각해본 다음 글을 읽게 한다. 이는 글에 대한 궁금증을 증폭시키고 호기심을 갖게 한다. 읽은 다음엔 자신이 배운 것이 무엇인지 다시 생각을 정리하게 한다. 이 일련의 과정은 글에 대한 이해를 높일 뿐만 아니라 새로운 정보를 이해하고 획득하는 데도 큰 도움이 된다.

"내가 이미 아는 것은?"
"더 알고 싶은 것은?"

이 2가지 질문은 아이가 다음에 배울 내용을 전반적으로 살펴보게 한다. 내일 배울 내용의 제목을 살피고 세부 목차를 살펴보는 것은 예습에서 가장 중요한 요소다. 그런데 아무 생각 없이 제목과 목차를 살펴본다면 별로 기억에 남는 것이 없다. 내일 배울 내용에서 내가 이미 아는 것이 무엇인지 물어보는 질문은 아이의 배경지식을 활성화해준다. 내가 이미 아는 것에 새로운 것을 더 보태어 알게 되는 것은 흥미진진한 일이다. 호기심을 갖게 하는 질문이다.

"오늘 내가 배운 것은?"

이 질문은 배운 것을 복습으로 활용할 때 적용한다. 배운 직후에 바로 활용하는 것이 가장 좋다. 좀 더 효과적으로 예습과 복습을 하고 싶다면 K-W-L 공책을 만들어보자. 하루에 하나의 표를 활용하면 된다. 내일 배울 과목의 칸을 정해서 간단하게 기록한다. 한쪽에 하나씩 붙여놓고 예습할 때 K와 W를 채운다. 수업이 끝난 후 2~3분 정도만 활용하여 L칸을 채운다. 과목별 공책이 따로 있겠지만 예습과 복습으로 이렇게 간단하게 정리하는 습관을 들이면 최고의 효과를 얻을 수 있다.

과목명	K (What I Know) 내가 이미 아는 것	W (What I Want to know) 내가 알고 싶은 것	L (What I Learned) 내가 배운 것
국어			
수학			
영어			
사회			
과학			

날짜 :   요일 :   기타 :

왜 시험 못 봤니?
_ 어떻게 하면 좋을까?

 "왜 시험을 잘 못 봤니?"

"왜 수업 시간에 집중 안 했니?"

"왜 숙제 안 했니?"

"왜 학원에 안 갔니?"

아이가 이런 질문을 받으면 어떤 생각이 들까? 시험을 잘 못 본 이유를 물으니 좀 더 열심히 하지 않은 데 대한 죄책감이 든다. 동시에 열심히 해야겠다고 생각도 해보지만, 왠지 해도 더 오를 것 같지 않은 막막함이 느껴진다.

왜 수업 시간에 집중을 안 했느냐고 물으니 재미없고 지루하기만 한 선생님 탓으로 생각한다. 좀 더 재미있게 가르치면 자기도 잘할 수 있을 텐데 하는 원망이 든다. 혹은 자꾸 말을 거는 친구 녀석 때문이라는 생각이 들기도 한다. 자신의 행동을 자기 선택의 결과가 아니라 남의 탓으로 돌리고 싶고, 자신은 억울하기만 하다.

숙제를 안 한 건 너무 어렵기 때문이고 하기 싫어서다. 이런 마음을 몰라주는 엄마가 원망스럽기도 하고 이 상황을 어떻게 해결할 수 있을지 모르겠다. 그저 날마다 반복되는 일상이 지겨울 뿐이다. 엄마 몰래 학원에 빠진 것까지 들켰으니 이제 꼼짝없이 혼나겠구나 싶은 생각에 그냥 이 상황이 빨리 끝나기만을 바란다.

엄마가 아이에게 질문하는 이유는 모두 아이가 문제 행동을 개선해주기를 바라기 때문이다. 잘못을 인정하고 다음부터는 그런 행동을 하지 않기를 바란다. 그런데 아이의 마음속에서는 전혀 다른 현상이 일어나고 있다. 다시는 그러지 말아야겠다는 생각보다 그저 도망치려는 생각뿐이다. 아이가 이런 생각밖에 못 하는 것은 아이의 잘못일까? 그렇지 않다. 아이들은 앞에서 이끄는 대로 나아간다.

부정적인 생각을 하도록 이끌었으니 부정적인 생각을 하는 것이다. 혼내고 가르치고 나서도 달라지지 않는 아이의 모습에 엄마도 좌절한다. 엄마 자신이 부정적인 질문을 던졌으니 엄마도 부정적인 사고에 빠질 수밖에 없다.

부정적인 사고란 모든 것을 불가능이나 실패와 연결해서 생각하는 것을 말한다. 가능성이나 새로운 방법을 정확하게 판단해보지도 않고 좌절감과 두려움에 휩싸여 현명한 판단을 하지 못하게 되는 사고 패턴이다. 부정적 질문은 근거 없는 두려움으로 인해 시도해보지도 않고 미리 포기하는 비겁자의 모습을 가지게 할 수도 있다. 부정적 사고의 악순환에 들어서면 거기서 빠져나오기가 쉽지 않다. 매사에 불만이 있고 부정적이며 불평분자로 변해간다. 어떻게 하면 우리 아이가 부정적 사고의 악순환에서 벗어나게 할 수 있을까? 의외로 아주 간단하고 효과적인 방법이 있다.

💬 긍정적 질문이 긍정적 사고를 가능하게 한다

흔히 긍정적 사고를 해야 한다고 말한다. 그런데 긍정적 사고는 어디에서 시작되는 것일까? 긍정성이란 부모와의 안정적인 애착, 자존감, 자신감 등 심리적 건강과 밀접한 관계가 있다. 오랜 시간 좋은 관계와 성취를 경험하면서 이루어진다. 하지만 이런 기반이 마련되지 못했다고 해서 우리 아이가 부정적 사고만 하고 있을 수는 없다. 바로 지금 짜증 내고 우울해하는 우리 아이를 그냥 둘 수는 없지 않은가? 당장 부정적 감정에 휩싸여 힘들어하고 있다면 아이의 마음을 긍정적으로 돌려놓을 효과적인 방법이 필요하다. 긍정적 사고를 가능하게 하는 효과적인 방법의 하나가 바로 긍정적 질문이다. 긍정적 질문에서 긍정적 사고가 시작된다.

공부해도 성적이 오르지 않는 아이가 있다. '난 왜 해도 안 되지?'라는 부정적 질문을 하면 정말 해봤자 소용없다는 생각만 든다. 이 아이가 '그래도 열심히 하면 잘할 수 있을 거야. 열심히 해야지'라고 긍정적 사고를 할 수 있도록 긍정적 질문을 사용해보자.

'좀 더 좋은 공부 방법은 뭘까? 나에게 더 잘 맞는 방법은 뭘까?'라고 생각한다면 다시 도전할 마음을 갖게 된다. 긍정적 질문에 대한 답이 빨리 떠오르지 않을 수도 있다. 그래도 질문을 포기하지 말고 계속 질문하고 답을 찾아야 한다. 답은 분명히 있기 때문이다. 내가 찾지 못했을 뿐 분명히 있다. 스스로 답을 구하지 못한다면 주변에서 도움을 주면 된다. 좀 더 좋은 공부 방법, 나에게 잘 맞는 방법을 찾는 것은 한 번에 되는 것은 아니니 하나하나 정보를 수집할 때마다 실천해보고 평가하는 과정을 거쳐 찾아가면 될 일이다.

긍정적 질문의 또 다른 좋은 점은 자신도 모르게 습관화된 부정적인 태도를 바꾸게 한다. 문제를 명확하게 정리하고 가능성에 대한 통찰력을 키운다. 그래서 원하는 목표를 성취해낼 방법을 찾아가게 된다. '난 왜 이렇지? 안 되겠지? 안 될 거야'라고 좌절하던 아이가 '방법이 있겠지? 어떻게 하면 좋을까? 잘될 거야'라고 용기와 희망을 품는 아이로 새롭게 태어날 수 있다. 하지만 무조건 막연한 긍정을 말하는 것이 아니다. 질문을 하나하나 정확하게 분석하고 판단해야 한다. 정확한 긍정의 질문은 비판적 사고를 기른다. 그래서 가능성을 찾고 도전할 수 있는 근거를 마련한다. 결국, 진정한 긍정이란 비판적 사고를 바탕으로 가능성에 도전할 수 있게 하는 것이다.

엄마의 한마디 질문에 따라 아이가 가능성에 도전하며 잠재력을 키울 수 있다는 사실이 굉장하지 않은가? 우리 아이가 이런 모습으로 살아가기를 원한다면 당장 엄마의 질문 습관을 바꾸자.

긍정적 질문이 중요한 이유는 긍정적 질문이 우리 두뇌에 미치는 영향 때문이다. 마음의 변화는 엄밀하게 말하면 두뇌의 변화다. 뇌는 실제로 긍정적 질문을 하면 마음이 편안해지면서 면역력을 높이고 기쁨과 만족감을 주는 호르몬 분비가 활성화된다. 신체 리듬이 활발해지고 스트레스도 해소된다. 한마디로 몸과 마음이 건강해진다.

신경 세포인 뉴런 간의 커뮤니케이션은 각각의 뉴런을 연결하는 시냅스에서 일어난다. 시냅스란 한 뉴런에서 다른 세포로 신호를 전달하는 연결 지점이다. 시냅스는 각각의 신경 세포들을 서로 연결하며 새로운 정보를 전달하는 역할을 하는데, 보고 듣고 느끼고 학습하는 모든 활동은 바로 시냅스의 연결이라 해도 과언이 아니다. 정보를 받아들이고 기억하는 활동을 많이 할수록 시냅스는 굵고 튼튼해진다. 시냅스가 굵고 튼튼해질수록 정보의 이동 속도는 빨라지고 기억의 힘도 강해진다.

우리가 꼭 기억해야 할 사실은 사용하던 시냅스를 통해 더는 정보가 전달되지 않으면 그 시냅스는 사용하지 않게 된다는 점이다. 쓰지 않는 신경회로는 없어진다. 반대로 새로운 방식으로 정보를 받아들이고 전달하면 새로운 시냅스 회로가 생성되고, 그 회로는 많이 사용하면 할수록 더 튼튼해지고 쉽고 수월하게 사용할 수 있다.

두뇌의 원리를 질문 방식에 적용해보자. 부정 질문에 익숙해진 사람이 새롭게 긍정 질문을 사용하는 게 쉽지 않은 이유가 여기에 있다. 사용하지 않던 신경 회로를 새롭게 형성해가는 일이기 때문이다.

가만히 있으면 저절로 부정 질문을 사용하고 만다. 우리가 살아온 세월만큼 부정 질문의 방식에 길들어 자동으로 부정적으로 질문하고 생각하게 된다. 엄마가 새로운 긍정 질문에 익숙해지고 자연스러워질 때까지 훈련하는 과정은 너무나 중요하다. 우리 아이의 두뇌 속에 새로운 길을 만들고 있기 때문이다. 우리 아이가 늘 부정 질문을 던지고 두려움을 극복하지 못하고 좌절하고 포기하는 삶을 살기 원하지 않는다면 당장에 질문 방식을 바꾸어볼 일이다.

☐☐ 긍정 질문 연습하기

긍정 질문을 연습하는 방법은 간단하다.

> ① 자주 사용하는 부정 질문을 적는다.
> ② 부정 질문을 다시 긍정 질문으로 바꾸어 적는다.
> ③ 긍정 질문 목록을 보며 입 밖으로 소리 내어 말한다.

아이에게 말할 때 목록을 보고 골라서 말해도 좋다. 아이에게 어떤 질문을 받고 싶은지 다시 물어보는 것은 더 좋은 방법이다. 질문에 따라 아이의 느낌이 어떻게 달라지는지 꼭 물어보자. 부정 질문을 했을 때 아이가 어떤 생각을 하는지 듣게 된다면 나도 모르게 긍정 질문을 하려고 노력할 것이다. 좋은 질문을 하기 위해 노력하는 엄마의 모습은 아이에겐 감동이다. 자신에 대한 사랑과 정성과 노력을 한 번에 느낄 수 있기 때문이다. 그리고 다음의 목록을 더 채워나가자. 탈무드의 마지막 장이 늘 백지로 만들어지듯 앞으로 아이와 함께 만들어갈 긍정 질문 목록이 더 가치 있다.

부정 질문		긍정 질문
• 왜 시험을 잘 못 봤니? • 왜 수업 시간에 집중 안 했니? • 왜 숙제 안 했니? • 왜 학원에 안 갔니?	➡	• 성적을 좀 더 올리려면 어떻게 하면 좋을까? • 수업 시간에 집중하는 좋은 방법이 있니? • 숙제를 잘할 수 있는 방법은 뭘까? • 학원에 가고 싶은 마음이 들려면 어떻게 하면 좋을까?

긍정 질문이란 '왜 못할까'를 고민하는 게 아니라 '어떻게 하면 할 수 있을까?'를 생각하게 하는 것이다. '왜 못할까'로 고민하기 시작하면 못할 수밖에 없는 이유를 수백 가지도 찾을 수 있다. "어떻게 하면 할 수 있을까?"라고 질문하면 처음엔 막막하지만, 곰곰이 생각할수록 하나하나 방법이 떠오르기 시작한다. 바로 이 차이다. 부정 질문에 매여 우리 아이를 괴롭히지 말자. 긍정 질문으로 우리 아이가 미래를 향해 한 걸음 걸어가도록 도와주자.

시험에 대한 걱정 불안이 많아요
- 가장 걱정되는 게 뭐니?

시험은 아이들의 불안과 걱정의 종착지다. 아이들은 대학생이 될 때까지 최소한 12년 이상 시험에 시달린다. 물론 대학생이 된 이후에도 늘 시험은 자신을 잣대질하는 잔혹한 평가 도구지만 그때는 성인이니 논의의 대상에서는 제외하자.

아이들 그 누구도 시험에 무관심할 수 없다. 또 시험을 소홀하게 생각하는 아이도 없다. 다만 지금까지 살아오면서 별로 잘해본 적이 없고, 다시 노력하자니 너무 힘들게만 느껴지고, 그렇다고 다른 돌파구도 없으니 그저 괴로울 뿐이다. 이런 마음을 모르고 시험이 다가와도 공부에 집중하지 못하는 아이를 보며 혼내거나 다그치는 건 너무 잔인한 일이다. 가장 괴로운 사람은 아이 본인이니 말이다.

아무리 그래도 아이가 시험 준비를 소홀히 한다면 그 모습을 보고 있기 괴롭다. 그럴 땐 아이와 다음의 대화를 나누어보자. 그냥 담담한 마음으로, 아이보다 앞서가지 않으면서 아이가 가진 공부의 공을 빼앗지 않는 대화를 나누자. 이야기하다 보면 아이가 깨닫기 시작할 것이다. 자신이 왜 시험을 피하고 있는지 말이다.

✏️ **시험공부에 소홀할 때 필요한 엄마의 말**

이번 시험에서 네가 원하는 점수는?
그 점수를 받으려면 어느 정도 공부하면 가능할까?
공부는 어느 시간에 하고 싶니?
문제집과 교재는 준비되어 있니?
더 필요한 것은?
엄마가 도와줄 일은?
네가 계획대로 공부하지 않을 때 엄마가 어떻게 하면 좋을까?

그런데 시험을 소홀히 하는 것이 아니라 잘 보려고 노력하면서도 불안한 아이들이 더 많다. 시험 불안과 미래에 대한 걱정으로 찌든 고등학교 3학년 나연이의 이야기를 통해 우리 아이의 걱정과 불안을 줄여줄 방법을 생각해보자.

나연이의 시험 불안은 학교에서도 유명하다. 평소 실력과 비교해 시험만 보면 성적이 나오지 않으니 그렇다. 초등학교 때부터 꾸준히 공부한 덕에 늘 중상위권을 유지했다. 하지만 정작 고3이 되고 나서 나연이의 성적은 하향 곡선이다. 그렇다고 공부를 안 하는 게 아니다. 성적이 떨어지는 것 같아 불안하니 더 열심히 해야겠다고 생각한다. 도대체 이렇게 열심히 하는 아이가 왜 성적이 떨어지기만 하는 걸까? 어쩌면 나연이의 모습은 현재 대한민국을 살아가는 우리 아이들의 모습이기도 할 것이다.

나연이의 증상 때문에 걱정이 큰 엄마를 4번 만나면서 나연이를 도울 방법을 코칭해주었다. 다음 이야기는 나연이 엄마가 나연이와 나눈 이야기를 재구성한 것이다. 먼저 나연이가 자신에 대해 떠오르는 대로 표현한 말들이다.

> ✏️ **나연이가 생각하는 자기 자신**
>
> 나는 밤이 되면 항상 오늘을 후회하고 내일을 계획한다.
> 나는 조금 힘들다 느끼면 거의 포기하는 편이다.
> 나는 성적으로 멸시당하면 기분이 매우 안 좋고 쉽게 잊을 수 없다.
> 나는 요사이 공부에 집중하지 못했다.
> 나는 나 자신을 믿지 못하는 것이 너무 싫다.
> 빨리 어른이 돼서 내가 하고 싶은 좋은 일들을 많이 해야겠다.

현재 나연이는 시험과 성적 문제 때문에 무척 괴로우며 그 원인이 자기 자신에게 있다고 생각한다. 힘들면 포기를 반복하면서 자신을 스스로 믿지 못한다. 이런 부정적 자기 인식 습관은 현재 상황을 나아지게 하려는 개선의 노력과 의지가 발휘될 여지를 막아 버린다.

그래도 다행인 건 자신에 대한 부정적 인식에도 불구하고 미래에 대해서는 긍정적인 기대감을 보이며, 이는 현재 성공적이지 못한 학업 상황을 견뎌내는 힘으로써 작용하는 것으로 생각된다.

💬 잘못된 신념이 더 불안하게 만든다

나연이는 시험이 시작되면 문제와 지문이 제대로 읽히지 않는다고 했다. 평소 쪽지 시험을 보거나 연습 문제를 혼자 풀 땐 별문제가 없다. 하지만 정작 진짜 시험 상황이 되면 시험을 잘 봐야 한다는 생각이 너무 커서 지문이 눈에 안 들어올 지경이다.

엄마는 나연이에게 불안이 높아지는 순간 어떤 생각을 하는지 물었다. 나연이는 '잘 봐야지. 몇 등급은 돼야 해' 하는 생각을 계속하다 조금 어렵게 느껴지는 문제가 나오는 순간 멍하니 정신이 없어진다고 했다. 그런 증상이 시작되면 '떨지 말자. 나만 어려운 건 아니겠지'라고 생각하며 아무리 마인드 컨트롤을 해도 효과가 없었다.

나연이의 이야기를 들으며 이런 증상까지 있다면 분명 마음속 깊이 자리하고 있는 생각에서 잘못된 부분이 있을 거라는 생각이 들어 엄마에게 몇 가지 질문을 더 해보라고 전했다.

🙂 "공부한 만큼 성적이 나온다고 믿니?"

😊 "아니요. 안 믿어요. 난 공부는 아닌가 보다 하는 생각만 들어요. 운이 없다는 생각도 들고. 한 번도 잘돼본 적이 없으니까요. 그냥 '저걸 내가 어떻게 하지?'라는 생각만 들어요."

🙂 "뭔가 잘해서 뿌듯했던 성취 경험은?"

😊 "그런 적 없어요. 전 뭐 딱히 잘하는 게 없어요. 악기도 못하고 독서도 별로 안 해요. 참, 친구랑 마음이 불편한 날은 더 증상이 심해져요."

🙂 "공부와 관련해서 성공 경험이 있니?"

😊 "중학교 때 전 과목에서 딱 5개만 틀린 적이 한 번 있어요. 하지만 다음 시험 때 다시 뚝 떨어져서 원상태가 되었죠. 그냥 그건 운이었구나 생각해요. 부모님은 열심히 하면 그때 같은 성적이 나올 거라고 하는데 그래서 더 불안에 시달려요. 운이었다고 말을 못 하겠어요."

🙂 "이렇게 마음이 불편할 때 터놓고 의논할 사람은 누구야?"

😊 "없어요."

사실 그동안 엄마와 나연이는 그다지 깊은 대화를 나누는 사이가 아니었다. 그런데 엄마가 전혀 다른 느낌으로 지금까지와 다른 태도로 대화를 시작하니 의외로 나연이도 솔직하게 마음을 열고 이야기했다.

나연이의 이야기를 들어보니 심리적 불안과 더불어 언제부터인지 모르지만 잘못된 생각을 신념처럼 가지고 있음을 알 수 있었다. 생각해보자. 공부한 만큼 성적이 나올 거라고 믿지 못하는데 어떻게 불안하지 않을 수 있을까? 게다가 마음 터놓고 말할 사람이 아무도 없다. 중고등학교 때만큼 의논 상대자가 필요한 시기가 또 있을까? 그 예민하고 혼란스러운 시기에 외롭게 고군분투해온 나연이가 너무 안쓰러웠다. 엄마와 나연이는 이야기를 나누다 끝내 함께 울었다고 한다. 아이가 마음이 불편할 때 터놓고 얘기할 사람이 없었다는 사실에 엄마는 정말 미안하고 가슴이 아팠다.

💬 불안 버리기 작전

문제와 존재를 구분하라는 말이 있다. 심리 치료에서 아이에게 어떤 심리적 문제가 있다 해도 아이 그 자체가 문제가 아니며 아이라는 존재와 증상을 구분해서 생각하도록 한다. 이건 증상의 치유를 위해 무척 효과적이다. 자신과 분리된 외부의 증상을 따로 떼어 생각함으로써 죄책감이나 비난이 아니라, 제거할 수 있는 외부적 존재로 생각할 수 있다.

엄마는 흰 종이에 큰 동그라미를 그려놓고 시험 시간만 되면 나타나 나연이를 불안하고 멍하게 만들어버리는 녀석을 표시해보라고 했다. 나연이는 빨간색 색연필로 동그라미의 80% 정도를 빨갛게 칠하기 시작했다. 나연이는 시험지를 이 녀석이 다 덮어버려서 보지 못하게 하는 것 같다고 말했다. 그 빨간색에 이름을 붙여보기로 했다. 나연이는 이렇게 불렀다. '빨간 괴물'. 빨간 괴물의 뇌 구조도 그려보게 했다. 과연 빨간 괴물은 내 시험을 망치기 위해 어떤 작전을 세우고 있는가? 그 작전에 나는 어떻게 대응하고 있는가?

빨간 괴물의 진실	나의 대응 작전
・성적을 떨어뜨리자 ・자신감을 부족하게 만들자 ・잘해야겠다는 압박감을 주자 ・자신에 대한 신뢰감을 부족하게 하자	・더더욱 공부해야겠다고 생각한다 ・없다 ・더 못할 것 같은 생각만 든다 ・없다

나연이가 말한 대응 작전은 전반적으로 효과가 없거나 대응한다고 말하기 어려운 수준이었다. 이 중에서 특히 자신에 대한 신뢰감

이 부족한 게 가장 큰 원인이라 생각되어 새로운 활동을 계획하도록 이끌었다. 장난 같지만, 심상 훈련처럼 눈을 감고 문제를 덮고 있는 커다란 빨간 괴물을 손으로 잡아떼어 돌돌 말아 창밖으로 던져버리는 걸 상상하게 했다. 엄마는 나연이와 이런 이야기를 나누며 모처럼 실컷 장난치며 웃었다고 한다. 그다음부터는 "앗, 나연아, 등에 빨간 괴물 붙었어!"라고 장난을 쳤다. 신기한 건 그럴 때마다 나연이는 아기처럼 천진난만하게 웃었다. 이런 게 뭐 그리 효과적일지는 모르지만 어쨌든 아이가 웃는 모습을 보는 건 엄마로서 기쁜 일이었다.

나연이와 관계가 편해지자 엄마는 나연이의 잘못된 신념과 부정적인 생각에 변화를 주기 위해 "과연 그럴까?"라는 대화를 하기 시작했다.

🙂 "과연 너는 네가 생각하는 대로 좋은 점이 없는 아이일까?"
"과연 너는 시험 볼 때 아무런 강점이 없는 아이일까?"

전혀 그렇지 않음을 깨닫게 해주기 위해 반전 질문을 끊임없이 던지고 다르게 생각하도록 대화를 나누었다. 그 결과 나연이는 자신에 대해 이렇게 말할 수 있게 되었다.

✏️ 내가 좋은 이유 10가지

1. 나는 사람들과 금방 친해진다.
2. 나는 성격이 밝다.
3. 나는 소통을 잘한다.
4. 나는 한 번 배우면 금방 깨우친다.
5. 나는 정이 많다.
6. 나는 남들을 기분 좋게 한다.
7. 나는 사람을 편견 없이 동일하게 본다.
8. 나는 뭐든 먼저 가서 하는 편이다.
9. 나는 분위기 파악을 잘한다.
10. 나는 활동적이다.

✏️ 시험 상황에서 내가 마음에 드는 점 10가지

1. 친구가 물어볼 때 잘 대답한다.
2. 친구를 진심으로 응원한다.
3. 커닝을 안 한다.
4. 시험 중에 포기하지 않는다.
5. 시험 보기 전까지 계속 확인한다.
6. 시험 시간을 여유롭게 잘 지킨다.
7. 시험의 기본 준비를 잘해간다.
8. 떨지 않으려는 마음가짐을 계속한다.
9. 좋은 결과를 상상한다.
10. 시험 중에 소음을 내지 않는다.

두 달쯤 지난 후 학교 모의고사에서 나연이는 드디어 성적이 다시 오르기 시작했다. 오랜만에 평소 실력에 가까운 점수를 받았다. 엄마는 그동안 나연이를 힘들게 한 이유가 무엇인지 제대로 깨달았다. 힘든 걸 위로해주고, 노력하는 모습을 알아주고 격려해주고, 얼마나 훌륭한 점이 많은지 찾아 칭찬해주어야 하는 걸 모르고 아이를 다그치고 더 불안하게 만들었다는 사실을 확인한 것이다. 변화된 엄마의 말만으로 아이가 안정을 되찾고 공부에 집중하는 모습을 보며 새삼 엄마의 말이 얼마나 중요한지 깨달았다.

✏️ **시험에 대해 걱정 불안이 많을 때 필요한 엄마의 말**

시험 볼 때 드는 느낌은?
가장 걱정되는 점은?
시험 때 불안하지 않은 과목은?
왜 그 과목은 불안하지 않을까?
다른 과목도 그렇게 되려면 어떻게 하면 좋을까?
시험이 걱정될 때 뭘 하면 마음이 안정될까?

똑똑하다
_열심히 했구나

칭찬의 중요성이 워낙 강조되는 사회 분위기 덕분에 대부분의 엄마는 칭찬을 자주 해준다. 그런데 여전히 아이는 칭찬이 부족하다고 느낀다. 엄마가 어떤 칭찬을 하고 있기에 아이들의 마음에 가 닿지 못하는지 살펴보자. 다음은 우리나라 엄마들이 아이에게 자주 해주는 칭찬이다.

참 잘했다. 열심히 했구나. 똑똑하다. 대단하다. 많이 연습했구나. 잘하고 있으니 계속해봐. 진짜 짱이다. 완전 멋있다. 머리가 좋구나. 날마다 좋아지고 있구나. 너는 잘할 수 있을 거야. 암기력이 좋구나. 생각을 참 잘 해내는구나. 네가 하고 싶었던 것을 해냈구나. 정말 열심히 배우는구나. 축하해.

이 칭찬을 아이들에게 들려주고 나서 어떤 기분이 드는지 질문해보았다. 칭찬을 들으면 기분이 좋다는 이야기도 많았지만, 의외로 시큰둥하거나 오히려 짜증이 난다고 말하는 경우도 비슷하게 나왔다. 왜 그렇게 좋다는 칭찬을 해주었는데도 아이들은 짜증을 내거나 거부감을 나타냈을까?

초등학교 저학년 아이들에게 부모님에게 자주 듣는 칭찬을 물어본 다음 그 칭찬을 들은 후 어떤 느낌과 생각이 드는지에 따라 '평가의 느낌을 주는 칭찬'과 '열심히 하고 싶은 느낌을 주는 칭찬'으로 나누어보았다.

평가의 느낌을 주는 칭찬	열심히 하고 싶은 느낌을 주는 칭찬
• 참 잘했다	• 최선을 다했구나
• 똑똑하다	• 날마다 좋아지고 있구나
• 대단하다	• 네가 하고 싶었던 것을 해냈구나
• 머리가 좋구나	• 열심히 했구나
• 잘하고 있으니 계속해봐	• 생각을 참 잘해내는구나
• 너는 잘할 수 있을 거야	• 잊어버리지 않았구나
• 네가 최고야	• 많이 연습해보았구나
• 착하네. 하나 더 해볼래?	• 축하해
• 뭐든지 쉽게 하는구나	• 그걸 완전히 알게 되었구나
• 대단한 일을 해냈구나	• 무엇이든 즐겁게 하는구나

• 넌 정말 재주가 많구나 • 정말 빨리해냈구나 • 너보다 잘하는 사람을 본 적이 없어 • 칭찬받을 만하구나	• 어려워도 노력하는 모습이 보기 좋아 • 새로운 걸 배우려는 모습이 멋져 • 틀린 문제를 다시 찾아보는 게 믿음직해 • 정말 많이 알고 있구나

평가의 느낌을 주는 칭찬은 아이의 타고난 능력에 대한 칭찬이다. 이런 칭찬을 받으면 아이는 불안해진다. 자신은 그다지 능력이 있다고 생각하지 않는데 엄마가 이런 칭찬을 하니 거기에 부응해야만 할 것 같다. 그래서 조금이라도 어렵게 느껴지면 도전하고 싶지가 않다.

어려운 것에 도전해서 틀리면 오히려 제 능력에 손상이 간다고 생각한다. 엄마를 실망시키는 것도 큰 부담이다. 타고난 능력을 평가하는 칭찬은 새로운 걸 배우려는 동기를 주지 못한다. 더 어려운 과제를 주었을 때 무기력한 모습을 보인다. "난 능력이 부족해요. 이런 건 하기 힘들어요"라는 태도를 보인다. 결국 아이의 성장에 도움이 되지 못한다.

열심히 하려는 마음이 들게 하는 칭찬은 아이의 노력에 대한 칭찬이다. 이런 칭찬은 무언가를 더 하게 만든다. 언뜻 들으면 최고의 찬사는 아니지만 아이는 자신의 행동에 대해 칭찬을 들음으로써 계속해서 그 행동을 더 하고 싶어 한다. 노력과 도전에 대해 지지를 받았으므로 계속해서 노력하려 애쓴다. 노력이 필요 없는 일에는 별로 매력을 느끼지 못한다. 공부할 때 조금만 어려우면 포기하고 도움을 받으려는 아이와 어려워도 끝까지 풀려고 애쓰는 아이의 차이가 바로 여기에서 시작된다.

미국의 심리학자 버나드 와이너는 사람이 실패했을 때 그 원인을 자신의 타고난 능력 탓으로 돌리면 의욕이 사라진다고 말했다. 반대로 자신의 노력이 부족한 탓으로 돌리면 의욕이 생긴다고 했다. 엄마가 아이를 칭찬하는 방식이 아이에게 큰 영향을 미친다는 사실을 알 수 있다.

평가 목표를 가진 아이, 학습 목표를 가진 아이

우리 아이는 어떤 목표로 공부할까? 학자들은 배움의 목표를 크게 평가 목표와 학습 목표 2가지로 제시한다. 평가 목표를 가진 아이는 자신이 얼마만큼 잘 아는지, 그래서 내가 얼마나 능력이 뛰어난 사람인지 남에게 평가받기 위해 배우고 공부한다. 학습 목표를 가진 아이는 스스로 좀 더 어렵고 새로운 과제에 도전하고 고민하

는 게 즐거워서 더 배우고 공부하려 한다. 한마디로 노력하는 아이
가 되는 것이다.

🙂 "성적이 몇 점이니? 친구는 몇 점이니? 100점 받은 사람이 모두 몇
명이야? 몇 등이니? 왜 이렇게 못했어? 왜 틀렸니?"

이제 이런 질문은 그만하자. 엄마는 좋아하는 것, 재미있는 것,
끝까지 해내고 싶은 것, 더 하고 싶은 것을 질문하면 된다. 아이가
질문에 대답하지 않아도 좋다. 그것으로 충분하다. 좋은 질문으로
아이는 자신이 하고자 하는 것, 하고 싶은 것을 생각한다. 결국 앞
으로 자신이 더 발전하고 행복해지는 학습 목표를 갖게 된다. 다음
의 질문은 아이가 무언가를 할 때 편안한 시간에 가끔 활용하기 바
란다. 좋은 질문 한마디는 아이의 평생 친구가 되기도 한다. 살아
가는 내내 자신에게 던지는 질문이 되어 그 질문에 대한 답을 찾게
될 것이다.

✏️ 배움을 목표로 삼게 하는 엄마의 말

네가 좋아하는 건 뭐니?
무얼 할 때가 가장 편안하고 즐겁니?
마음이 뿌듯해질 때는 언제니?
네가 스스로 잘했다고 생각할 때는 언제니?
네가 진짜 원하는 건 뭐니?
그것을 위해서 지금 무엇을 하는 것이 좋을까?

✏️ 학교나 학원에 다녀온 아이에게 필요한 엄마의 말

공부하면서 재미있었던 점은 뭐야?
궁금해진 것은 뭐니?
좀 더 알아보고 싶은 것은 뭐니?
선생님께 무슨 질문을 했니?
다시 한번 더 해보고 싶은 것은 뭐니?
공부에 대해 친구들과는 어떤 이야기를 나누었니?

✏️ 나쁜 성적 때문에 속이 상한 아이에게 필요한 엄마의 말

네가 좀 더 노력하면 성적을 어느 정도 올릴 수 있을까?
그러려면 어떤 준비가 필요할까?
혼자서 할 수 있겠니? 누군가의 도움이 필요하니?
모르는 문제가 나오면 어떻게 해결하면 좋을까?
공부를 잘하는 방법이나 집중을 잘하는 새로운 방법을 배우고 싶지 않니?
이런 방법으로 한다면 네가 원하는 만큼의 성적을 얻을 수 있을 것 같아?

✏️ 좋은 성적임에도 불안한 아이에게 필요한 엄마의 말

지금까지 좋은 성적을 받은 비결은 뭐니?

어떤 점이 걱정되니?

네가 부족하다고 생각하는 부분은 어떤 거니?

그 부분을 보충하려면 어떤 방법이 좋을까?

학교 선생님에게 도움을 요청해보는 건 어떨까?

공부하는 과정이 중요할까? 결과가 더 중요할까?

결과에 연연해하지 않는 방법은 없을까?

실패가 주는 교훈은 무엇일까?

왜 멍하니 있니?
_만약에 ~한다면 어떤 일이 일어날까?

상상력이 왜 중요할까? "상상력이 의지보다 훨씬 강하다"는 것은 '위약 효과(플라세보 효과)'를 처음 발견한 프랑스의 약사이자 심리 치료사인 에밀 쿠에가 밝혀낸 사실이다. 어떤 일에 성공하려면 의지력보다 상상력이 한층 더 중요하다는 의미다. 의지가 있어야 공부할 수 있고 성공할 수 있다고 생각하는 우리에게 아주 중요한 가르침을 주는 말이다. 쿠에가 강조하는 '상상력의 3가지 힘'이 있다.

① 의지와 상상력의 대결에서는 언제나 상상력이 이긴다.

② 상상력의 방향으로 의지가 발휘되면 그 에너지는 두 배가 아니라 몇

배로 늘어난다.

③ 상상력은 스스로 조종할 수 있는 영역이다.

매일 일정 기간 과녁 앞에 앉아서 다트를 던지는 상상을 하면 실제로 연습한 것과 같은 효과를 거둘 수 있다는 건 심리학에서 널리 알려진 사실이다. 정상급 프로 선수가 철저하게 정신적인 예행 연습과 상상력 훈련 방법을 통해 실력을 향상하는 게 요즘 실정이다.

상상의 힘을 믿는 어떤 청년은 20살이 되자 운전면허를 따려고 했지만 실기 연습을 할 시간이 없었다. 그래서 딱 한 번 연습해본 기억을 바탕으로 이미지 트레이닝으로 연습해서 한 번에 시험에 합격했다. 알베르트 아인슈타인도 "상상력은 지식보다 중요하다"라고 강조했다. '아는 것이 힘'이 아니라 '상상하는 것이 힘'이 된다는 것이다. 여전히 지식 교육에 매달리고 있는 부모와 교사가 꼭 되짚어볼 말이다.

전 세계의 어린이가 좋아하는 《곰돌이 푸》는 작가인 앨런 알렉산더 밀른이 자기 아들이 좋아하는 곰 인형 '위니'로 만들어낸 이야기다. 스웨덴의 유명한 아동 문학가인 아스트리드 린드그렌의 《삐삐 롱스타킹》은 원래 어린 딸에게 자장가 대신 들려주던 상상의 이야기였다. 우리나라 아이라면 누구나 좋아하는 상상력이 가득한 그림책 《구름빵》의 작가 백희나는 이렇게 말한다.

> "산 정상에서 발아래 깔린 구름의 풍경을 보는 순간 '비 오는 날에 무거워진 구름이 땅까지 내려오면 누가 줍게 되지 않을까? 주운 구름을 반죽해 빵으로 만들면 어떨까?' 하는 상상이 꼬리에 꼬리를 물기 시작했어요. 이것이 《구름빵》의 시작이었죠."

우리 아이의 상상력을 키울 수 있는 질문은 어떤 질문일까? 아이들의 상상력을 키워주기 위해서는 '만약에'로 시작하는 질문을 하면 된다. 정말이지 '만약에'라는 말은 신기하다. 그 말을 듣는 순간 시공을 초월한 상상의 공간으로 옮겨 가는 느낌이 든다. 우리 아이를 상상의 세계로 데려가주는 아주 강력한 타임머신인 셈이다.

"만약에 (   ) 한다면 어떤 일이 일어날까?"

실제로 아이에게 질문해보면 얼마나 자유로운 상상이 가능해지는지 경험할 수 있을 것이다. 좀 더 확장해서 다양하게 바꾸어보자.

"만약에 (토끼가 말을) 한다면 어떤 일이 일어날까?"
"만약에 (외계인이 지구에 온다면) 어떤 일이 일어날까?"

빈칸에 어떤 것도 상상해서 질문을 만들 수 있다. 만약에 햇빛을 모을 수 있다면, 내가 날 수 있다면, 내 몸이 아주 작아진다면, 고래와 친구가 된다면……. 상황만 바꾸어 제시하면 얼마든지 상상의 나래를 펼칠 수 있다. 기본형의 질문을 상상력이 가득한 질문으로 변형시키는 능력은 사용할 때마다 발전한다. 그러니 망설이지 말고 시작하기 바란다. 엄마의 상상력을 발휘해보자.

"본인이 창의적이라 생각하면 창의적인 사람이고, 그렇지 않다고 생각하면 창의적이지 않은 사람이다"라는 연구 결과가 있다. 본인이 창의적이지 않다고 생각하는 순간 어떤 창의적인 대안도 생각하지 않게 된다는 말이다. 창의력은 모든 국가와 기업이 미래를 살아가기 위해 가장 중요하게 생각하는 능력이다. 이렇게 중요한 능력인 창의력은 어디서부터 차이가 날까? 그건 분명 어떤 것에 대한 질문으로부터 시작된다.

 "돌보다 단단한 건 없을까?"

"새처럼 날 수 없을까?"

"바닷속에서 좀 더 오래 견딜 수는 없을까?"

"직접 만나지 않고 연락할 방법은 없을까?"

"한 번에 물건을 많이 만드는 방법은 없을까?"

"이 불편함을 고치려면 어떻게 하면 좋을까?"

이렇게 수많은 질문에서 사람은 문화와 문명의 발전을 이어왔다. 혹자는 이렇게 말한다.

🧑 "혹시 우리 아이가 이런 질문을 던지며 상상하고 있는 건 아닐까?"

이런 아이에게 설마 이렇게 질문하고 있는 건 아니길 바란다.

🧑 "넌 왜 남들 다 하는 공부는 안 하고 딴짓만 하니?"
"왜 멍하니 앉아 있어?"
"왜 날마다 엉뚱한 짓만 하니?"

이런 말을 자주 들으면 아이는 어떻게 될까? 질문 속에 포함된 부정적 암시와 꾸지람 때문에 분명히 더 아무 생각도 하지 않고 그저 시키는 대로만 하게 된다. 싹이 트기 시작한 상상력과 창의력이 고개를 숙인다. 아이들은 상상하고 창의적으로 새로운 걸 생각해낼 때마다 의욕에 불탄다. 무언가를 열심히 하고 싶은 마음이 든다. 공부에서도 마찬가지다. 새롭고 창의적인 방법으로 공부하기 시작하면 더욱더 공부에 재미를 붙인다.

창의력을 키우는 가장 좋은 방법은 아이가 스스로 답을 찾는 기회를 주는 것이다. 다양한 생각을 만들어내는 것이 상상력이라면 창의력은 그것을 바탕으로 우리 생활에 쓰이는 새롭고 독창적인 생각을 말한다. 상상이 생각에서 멈추면 공상이 된다. 상상을 현실과 연결하면 창의력이 된다. 아이의 상상을 좀 더 구체화해주는 질문을 통해 현실에 적용 가능한 창의적 아이디어로 발전시킬 수 있다.

이제 지식이 많다는 것은 경쟁력이 될 수 없다. 쉽게 구할 수 있는 지식과 정보를 어떻게 활용할지 아는 사람, 창의적으로 문제를 해결해내는 사람이 성공하는 시대다. 이것이 우리 아이의 창의력을 키우기 위해 노력해야 하는 이유다.

공부를 왜 하는지 모르겠어요
_네가 하고 싶은 것은 뭐니?

공부를 잘하기 위해선 무엇보다 학습 동기가 있어야 한다. 공부하다 보면 분명 하기 싫거나 힘들어지는 경우가 있는데, 그때 어떻게 할지 미리 대화를 나누는 것만으로도 아이의 학습 동기는 잘 유지되고 발전한다.

오늘 하루 실전에서 우리 아이의 학습 동기를 키워주는 4단계 질문법을 활용해보자. 아이가 배우거나 공부하는 모든 것에 그대로 활용하면 된다. 4단계에 걸친 체계적인 질문으로 아이가 자신이 무엇을 공부하고 싶은지, 왜 공부하려는지 정확히 깨닫게 도와준다. 힘든 상황도 미리 대비하게 되니 잠시 공부를 멈추더라도 쉽게 다시 시작할 수 있다.

Q 1단계. 네가 공부하고 싶은 것은 뭐니?
Q 2단계. 어떻게 공부하면 재미있을까?
Q 3단계. 어떤 준비가 필요할까?
Q 4단계. 힘들 땐 어떻게 하면 좋을까?

1단계에서는 아이가 공부하고 싶은 것이 무엇인지 질문한다. 아이가 원하는 것에서 시작해야 동기가 생긴다. 무언가 시작하기를 바란다면 그것에 대해 호기심을 느끼도록 하는 것이 좋다. 책을 읽기를 바란다면 책의 앞부분만 이야기해주어 뒷이야기가 궁금해지게 한다. 수학을 공부하기를 바란다면 수학 문제를 얼마 만에 풀수 있는지 경쟁심을 불러일으키는 것도 좋다. 아이가 무슨 공부를 하고 싶다고 말하는 것이 중요하다.

2단계에서는 어떻게 공부하면 좋을지 아이의 의견을 물어본다. 아이가 원하는 공부법 말이다. 공부하는 방법을 아이가 결정하면 스스로 할 마음이 생기기 시작한다. 만약 방법에서 엄마와 의견 차이가 있어도 아이의 의견을 수용해주자. 공부하는 방법은 나중에 충분히 학습 동기가 생겼을 때 조금씩 바꾸어도 충분하다. 아이는 아직 미숙하므로 자신이 원하는 방법으로 실행했을 때 분명히 불편함을 느끼는 경우가 더 많다. 그러니 얼마든지 아이가 원하는 대로 하도록 허용하고 잘 평가하게 도와주자. 공연히 방법을 고집하느라 공부를 싫어하게 만드는 우를 범하지 않는 것이 중요하다.

3단계에서는 어떤 준비가 필요한지 질문한다. 공부에는 항상 준비가 필요하다. 엄마가 모두 준비해주기보다 아이가 스스로 무엇이 필요한지 생각하고 준비할 수 있게 도와주자. 준비 과정도 아이의 몫이다. 아이가 준비하면 공부에 대한 애착이 더 강해진다. 간단한 학습 도구부터 마음가짐까지 모두 필요하다. 방해되는 자극을 제거하는 것도 준비의 한 부분이다. TV는 물론이고 전화기도 무음 처리하거나 아예 끄는 것이 좋다. 집중을 잘하게 될 때까지 환경적, 심리적 준비도는 곧 성취도와 정비례한다.

4단계는 공부하면서 발생할 수 있는 어려운 점을 미리 예방하는 질문이다. 문제 발생을 미리 예견하고 있는 것과 그렇지 않고 무방비 상태로 있는 것은 매우 큰 차이가 있다. 미리 어려움에 대해 마음의 준비를 하지 않으면 힘들거나 지루해질 때 쉽게 포기한다. 공부하다 어려운 문제가 나올 때 어떻게 할지 미리 질문하면 아이는 대안을 생각할 수 있다. 아이가 생각하지 못하면 엄마가 여러 가지 아이디어를 제공해주는 것도 좋다. 그중에 아이가 선택하면 된다.

💬 잘했을 때의 학습 동기 향상 질문

자신이 노력한 만큼 성취를 이룬 아이는 무척 기쁘다. 바로 이 지점이 다음 성장을 위한 중요한 도약대가 될 수 있다. 그냥 칭찬에서 머무르지 말고 좀 더 구체적으로 아이가 자신의 강점을 살려 나갈 수 있는 질문으로 학습 동기를 북돋우자. 잘하는 아이가 계속해서 잘하도록 하는 것은 쉬운 일이 아니다. 계속 더 잘하라고 격려하기만 하면 아이는 불안에 시달릴 수 있다. 아이는 잘한 만큼 무척 힘들었을 것이다. 그러니 엄마의 전문용어를 잘 사용하여 아이의 힘든 마음도 위로해주고, 다시 의욕을 불태워 더 도전하도록 도와주자.

우선 "훌륭하구나"부터 시작하자. 자신의 노력으로 성취를 이룬 아이가 가장 기쁠 때는 주변에서 함께 축하하고 기뻐해줄 때다. 그러니 훌륭하다고 칭찬하고 자랑스럽다고 말해주어야 한다. 혹시 아이가 자만할까 봐 충분히 칭찬하기가 꺼려진다면 잘못된 생각이다. 기쁜 일에는 기뻐하는 것이 가장 가치 있다.

공부를 아주 잘하는 고등학생 아이가 상담실에 왔다. 아무리 잘해도 계속 불안하단다. 그 원인을 찾아보니 어릴 적부터 아무리 열심히 하고 잘해도 제대로 칭찬하지 않은 엄마가 있었다. 아이가 최선을 다하느라 너무 힘들었는데 힘든 것도 알아주지 않고, 훌륭하

3장 공부 실전

다고 칭찬해주지도 않았다고 한다. 자만하지 말고 더 열심히 하라는 소리밖에 들은 게 없단다. 지치고 소진된 아이는 이제 더 무엇을 왜 해야 하는지 모르겠다며 혼란스러움을 호소한다. 엄마가 아이의 마음을 몰라주었을 때 생기는 일이다.

아이가 열심히 노력해서 잘했다면 "힘들었지, 훌륭하다, 자랑스러워" 같은 말을 종종 해주면 좋겠다. 그다음은 아이가 스스로 평가하도록 도와주는 질문을 하면 된다. 성취감을 느낀 아이는 스스로 발전하는 방향으로 나아가기 위해 자기 평가를 너무나도 잘한다.

Q 네 마음에 드는 점을 모두 말해볼래?

잘했을 때도 아이는 자신이 잘한 점과 잘못한 점을 아주 잘 알고 있다. 반성보다는 자신이 스스로 마음에 들고 뿌듯한 점을 먼저 생각하는 것이 좋다. 한 가지만 찾는 것이 아니라 연필을 미리 깎아두길 잘했다는 사소한 것까지 모두 찾을 수 있도록 도와주자. 자기자신을 마음에 들어서 하는 아이는 계속해서 좋은 성적을 받고 싶어 한다. 공부하는 자신을 사랑하게 된다.

Q 어떤 점을 특히 잘했다고 생각하니?

아이의 강점을 좀 더 강조하는 질문이다. 강점이란 언제 어디서든 아이에게 가장 강력한 무기가 된다. 공부에서 자신의 강점을 찾는 것은 매우 중요하다. 어렵거나 모르는 문제에 부딪혀도 당황하지 않고 차근차근 해결의 실마리를 찾을 수 있기 때문이다. 모르는 문제가 나왔는데 당황하지 않는 점, 반복해서 읽고 검토하는 점, 노트 필기를 잘해서 쉽게 암기할 수 있는 점 등 아이가 찾는 자신의 강점이 곧 공부 비결이 된다.

Q 좀 새롭게 하고 싶은 점은?

아이는 스스로 부족한 점이 무엇인지 아주 잘 안다. 하지만 고칠 점이라는 표현보다 앞으로 새롭게 하고 싶은 것이 무엇이냐고 질문하는 것이 더 좋다. 고친다는 것은 잘못되었음을 전제로 하지만, 새롭게 한다는 것은 늘 발전해나간다는 의미다. 아이는 자신이 부족하다고 생각하는 점을 새롭게 하려고 대안을 찾게 된다. 물론 아주 즐겁게 새로운 공부 방법을 받아들인다.

💬 실패했을 때의 학습 동기 향상 질문

우리 아이들은 공부에서 실패감을 맛보는 경우가 많다. 이때 엄마가 하기에 따라 한 번의 실패가 성공의 어머니가 될 수도 있고, 더 큰 실패를 불러올 수도 있다. 잘못하면 아이가 공부에서 멀어지게 할 위험이 있다는 말이다. 실패가 성공의 어머니가 되려면 무엇을 어떻게 해야 할까? 어떻게 하면 아이의 학습 동기를 무너뜨리지 않고 좀 더 강력한 동기로 공부하도록 도와줄 수 있을까?

Q 잘 배웠다고 생각하는 점은 뭐니?

잘못한 데 초점을 맞추지 않기 바란다. 나쁜 성적을 받은 아이는 어떤 말을 해도 위로가 되지 않는다. 오히려 동정받는 것 같은 느낌에 더 초라해지고 기분이 상할 뿐이다. 아이는 성적이 나쁘면 스스로 충분히 반성한다. 조금만 더 열심히 할걸, 책을 한 번만 더 살펴볼걸 하는 후회를 하고 있다. 바로 그런 생각을 자극하여 제대로 된 배움을 경험하게 도와주는 질문이다. 담담하게 이번 실패를 통해 배웠다고 생각하는 것이 무엇인지 질문해보자. 좌절감에 빠지지 않고 좀 더 넓은 생각을 가질 수 있게 한다.

Q 결과와 상관없이 잘했다고 생각하는 점은 뭐니?

아무리 성적이 나빠도 그중에서 아이가 잘한 점이 분명히 있다. 전체 성적이 나쁘면 그 좋은 장점마저도 놓치게 되는 경우가 많다. 좋은 자산을 잃어버리는 셈이다. 결과와 상관없이 아이가 잘했다고 생각하는 점을 꼭 질문하는 것이 좋다. "성적은 엉망이지만 이번에 표를 외운 건 잘한 것 같아요. 외운 건 다 맞았어요." 이런 대화가 아이를 발전하게 한다. 어떤 상황에서도 아이가 잘한 점은 있다. 나쁜 성적에 가려진 아이의 잘한 점을 잘 살려내기 바란다.

Q 다음엔 어떻게 하고 싶니?

나쁜 상황에서도 자신이 배운 점과 잘한 점을 찾을 줄 아는 아이는 다음 계획을 제대로 세울 수 있다. 주눅이 들지 않고 당당하게 다음 공부를 준비한다. 엄마는 좀 더 구체적인 질문으로 아이의 공부 계획을 도와주면 된다. 스스로 실천할 수 있을 정도의 계획을 세우도록 이끌어주자. 스스로 다음 계획을 세우는 아이는 학습 동기가 확실한 아이다. 엄마의 좋은 질문은 아이에게 공부하고 싶은 마음이 들게 한다. 엄마가 아이에게 주는 선물 중에 이보다 더 좋은 선물은 없다.

왜 그랬어?
_다음에는 어떻게 하면 좋을까?

 "왜 그랬니? 어떻게 됐어? 그래서? 도대체 어쩌다 그랬어?"

우리가 자주 사용하는 질문은 주로 과거형이다. 과거형 질문은 지나간 사건에 대해 질문하는 것이다. 특히 공부에 대해서는 더더욱 그렇다. 과거에 공부 안 한 사실을 후회하고 자신의 노력이 부족했던 것을 자책한다. 그래서 다시 한번 좌절을 경험하는 경우가 많다. 결국, 과거의 경험을 통해 배우기보다는 좌절하고 포기할 위험이 더 크다.

과거의 행동에 대해 질문하면 아이들은 습관적으로 반성하게 된다. 그런데 잘못했다는 말을 자주 하면 이제 아예 그런 실수가 일어날 수 있는 상황 자체를 만들지 않으려 한다. 그러니 새로운 시도는 하지 않게 되고 변화를 위한 노력도 하지 않는다. 그저 부모님이나 선생님의 눈에서 벗어나지 않으려는 정도로 안전한 것만 하려 한다. 수동적이고 현실에 안주하게 된다. 미래에 어떻게 할 건지는 생각하지 않는다. 변화를 두려워하고 실수를 통해 배우기를 겁낸다.

반면 미래라는 말을 들으면 떠오르는 느낌은 어떤가? 희망, 설렘, 새로움이나 가능성, 잠재력, 도전이 떠오른다. 가능성이란 앞으로 일어날 수 있고, 잠재력이란 아직 개발되지 않은 능력을 말한다. 그러니 가능성과 잠재력을 키울 수 있는 질문은 과거에 머무른 것이 아니라 미래에 초점을 둔 질문이다. 생각의 초점이 과거에서 미래로 나아가게 도와주자.

어떤 질문이 아이가 도전하게 할까? 어떤 질문이 아이에게 희망을 품고 자신의 잠재력과 가능성을 믿고 행동하게 할까? 미래형 질문은 앞으로 무엇을 어떻게 해나갈지에 관한 질문이며 긍정적 미래를 위해 질문하는 방법이다. 그런데 과연 우리는 미래형 질문을 제대로 사용하고 있을까? 흔히 사용하는 미래형 질문을 살펴보자.

 "이제 어쩔 거야?"

"앞으로 어떻게 할래?"

"잘되겠어?"

"나중에 뭐가 되려고 이러니?"

미래를 표현하는 단어가 들어 있긴 하지만 하나같이 부정적이고 암담한 내일을 암시한다. 이런 식의 미래형 질문은 오히려 불안감을 키우고 해보지도 않고 미리 포기하게 한다. 무언가를 시도해도 이미 안 될 거로 생각하고 시작하니 그 결과는 당연히 실패로 귀결되는 경우가 더 많다.

앞으로 우리가 사용할 미래형 질문은 긍정성을 토대로 이루어져야 한다. 과거의 잘잘못을 따져서 분석하고 추궁하는 것은 가능성을 짓밟는 일이다. 어떤 질문이 발전적인 결과를 가져올지는 너무나 확연하다. 미래 질문은 상상력을 자극하고 꿈을 꾸게 한다. 미래 질문이 도전하게 하고 앞으로 나아가게 한다. 아이의 눈 속에는 미래가 있다. 이제 우리 아이에게 미래 질문을 사용해보자.

"이번 일을 통해 네가 배운 것은 뭐니?"

"실패는 했지만, 그중에서 네가 잘했다고 생각하는 건?"

"다음에도 비슷한 상황이 오면 어떻게 하고 싶어?"

과거의 실패한 일에서도 긍정 질문이 학습 동기를 자극한다. 배우기 위해 과거에 대해 질문할 때는 지난 사건에서 아이가 배운 것이 무엇인지 질문해야 한다. 실패의 과정에서 다양한 일들이 있었으므로 그중에서 아이가 잘한 것이 무엇인지 찾아내는 질문을 해야 한다. 잘못된 것에만 초점을 두면 과거는 미래를 위한 발판이 아니라 아이의 발목을 붙잡는 족쇄가 될 뿐이다. 과거 질문을 꼭 사용해야 한다면 실수와 반성의 틈 사이에서 아이가 그래도 잘해낸 것을 찾아 격려해주는 자세가 꼭 필요하다. 그 상황에서 아이의 숨겨진 노력과 의지를 읽어내는 엄마의 혜안이 필요하다. 그래야 과거의 경험이 아이를 성장하게 하는 자양분이 된다.

🖘 공부를 잘하게 하는 엄마의 미래 질문

앞으로 어떻게 하고 싶니?
앞으로 무엇을 더 새롭게 해보고 싶니?
네가 할 수 있다고 생각하는 것은 무엇이니?
지금까지와는 다르게 해보고 싶은 것은 뭐니?
미리 생각하기에 걱정되는 점은 뭐니?
만일 생각대로 잘되지 않을 땐 어떻게 하면 좋을까?

💬 메타인지를 자극하는 미래 질문

메타인지란 사고에 관한 사고다. 메타인지는 2가지 측면으로 설명할 수 있다. 한 가지는 자신의 인지 또는 사고에 관한 지식이다. 즉, 내가 나의 사고 상태와 내용, 능력에 대해 알고 있는 지식으로 초인지적 지식을 말한다. 다른 한 가지는 자신의 인지 또는 사고에 관한 조절 기능이다. 문제 해결 과정에서 계획하고, 적절한 전략을 사용하고, 그 과정을 통제하고, 결과를 평가하는 사고 기능으로 초인지적 기능을 말한다.

메타인지가 발달한 아이는 학습에서 다음과 같은 태도를 보인다.

> 👧 '방금 공부한 건 따로 암기 공책에 적어두는 게 좋을 것 같아. 평소의 나를 생각해보면 분명 다시 본다고 하고선 잊어버릴 테니까 말이야.'

공부하다 졸릴 때 그냥 느끼기만 한다면 "아, 졸려"라고 말한다. 메타인지가 발달하면 "아, 내가 졸리는구나!" 하고 말한다. 둘은 어떤 차이를 가져올까? 메타인지 방식으로 자기 느낌이나 생각을 다루면 다음에 대안을 만들기가 쉬워진다. '졸리니까 찬바람을 쐬고

와야지'라는 생각이 가능해진다. 느끼는 수준에 머무는 것이 아니라 자신의 느낌을 알고 스스로 조절할 수 있는 기능이 메타인지다. 그러니 메타인지 기능을 잘 훈련하면 아이는 자신이 무엇을 알고 모르는지, 무엇이 약하고 강한지, 무엇을 준비해야 하는지 잘 파악하게 된다. 모르는 것이 무엇인지 아는 것이 잘 배우는 방법이며 스스로 공부하게 하는 원동력이다.

초등학교 1학년 아이들에게 등굣길에 친구와 같이 가는 것이 좋은지 아니면 혼자 가는 것이 좋은지 질문했다. 대부분 아이들은 둘 중 하나를 고른다. 그런데 메타인지 기능이 잘 발달한 아이는 이렇게 말한다.

> "혼자 갈 때는 학교 가는 길에 여러 가지 구경을 하거나 학교에 가서 뭘 할지 생각할 수 있어서 좋아요. 그리고 친구랑 같이 가면 이야기하면서 재미있고 친해져서 좋아요. 그런데 저는 아침에는 친구랑 같이 가는 게 더 좋아요. 어차피 아침에는 학교에 늦을까 봐 마음대로 구경을 못 하니까요."

메타인지 기능이 잘 발달한 아이는 자기 생각에 대해 생각하는 것이 무척 쉽게 이루어진다. 그래서 2가지 방법의 좋은 점을 먼저 분석한 다음, 자신에게 더 좋은 방법이 무엇인지 말할 수 있는 것이다.

✏️➡ 메타인지를 도와주는 엄마의 미래 질문

놀다 보니 시간이 부족해서 숙제를 끝내기가 힘들 때는 어떻게 하면 좋을까?
올 한해는 어떤 목표를 이루고 싶어?
초등학교 3학년 때는 어떤 목표를 이루고 싶어?
1년 동안 제일 잘 배우고 싶은 것은 뭐야?
선생님이 가장 잘 가르치는 것은 뭐야?
담임 선생님에게 꼭 배우고 싶은 것은 뭐니?
3년 후에 꼭 이루고 싶은 것은?
5년 뒤, 10년 뒤, 20년 뒤의 나에게 편지로 하고 싶은 말은?
어떻게 하면 더 발전할 수 있을까?
유서나 묘비에 무슨 글을 남기고 싶니?

지금 말할까?
나중에 말할까?

숙제는 안 하고 TV만 보고 있는 아이에게 언제 숙제할 건지 물었더니 아이가 불쑥 짜증을 낸다. 어제는 순순히 대답하더니 오늘은 이렇게 엄마를 당황하게 한다. 도대체 왜 이런 일이 일어날까? 어제의 아이와 오늘의 아이는 무엇이 다른 걸까? 알고 보니 이유가 있었다.

어제의 아이는 마음이 불편한 상태가 아니었다. 학교도 잘 다녀왔고 학원에서도 별문제가 없었다. 게다가 엄마가 자신이 좋아하는 불고기를 해준다니 기분이 좋았다. TV를 보면서 저녁밥을 기다리는 동안 엄마가 질문했다.

🧑 "숙제는 언제 할 거니?"

🧑 "저녁 먹고 할게요."

🧑 "그래."

이렇게 편하게 대화를 주고받았다.

그런데 오늘의 상황은 영 달랐다. 오늘 아이는 학교에서 발표했는데 틀려서 자존심이 상했다. 학원 공부도 어렵기만 한 것 같아 마음이 불편하다. 이렇게 공부하다간 내일모레 있을 시험이 걱정된다. 엄마가 맛있는 저녁을 준비해주는데도 마음이 무겁다. TV를 켜두긴 했지만 별로 재미도 없다. 엄마가 질문한다.

🧑 "숙제는 언제 할 거니?"

갑자기 짜증이 확 난다. 아이는 나도 모르게 "아, 내가 알아서 할게요. 제발 잔소리 좀 하지 마세요"라며 방으로 휙 들어가버린다.

똑같은 말도 이렇게 상황에 따라 좋은 말이 될 수도 있고 나쁜 말이 될 수도 있다. 특히 아이 마음이 불편해 보일 땐 더욱 그렇다.

엄마도 마음이 불편할 때 누군가 "밥 언제 할 거냐?"라고 묻는다면 어떤 마음이 들까? 아이도 마찬가지다. 그러니 아이 표정이 좋지 않을 땐 숙제나 공부에 관한 말은 조금 기다렸다 하자. 만약 엄마도 기다리기가 답답하다면 정서 안정에 도움이 되는 엄마의 말 "힘들구나"로 시작하는 것이 좋다.

> 😊 "힘들었구나. 발표도 마음에 안 들고, 시험도 걱정되고. 계속 마음이 힘들겠어."

이렇게 엄마가 힘든 마음을 읽어주면 그다음은 쉽다. 아이의 마음이 서서히 안정되고 제자리를 찾게 되어 무엇을 어떻게 준비하고 해결해나갈지 생각할 수 있기 때문이다. 마음을 불편하게 만든 문제는 해결되지 않았지만, 조금씩 안정되면서 문제를 해결하기 위해 엄마와 협력할 마음의 준비가 된다.

'감정의 홍수 이론'은 힘든 마음을 알아주는 것이 심리적 안정에

감정의 홍수 이론

감정의 평형 상태   감정의 홍수 상태   감정의 평형 상태

이성 / 감정   이성 ↑↑↑ 감정   이성 / 감정

마음 읽어주기 →   ↓↓↓

어떤 영향을 주는지 잘 보여준다. 사람의 마음이 안정되어 있을 때는 감정과 이성이 평형을 이룬다. 이 상태에서는 판단 기능도 원활하고 자신의 감정을 통제하고 조절하는 일이 수월하다. 그러나 문제 상황이 되면 이 평형이 깨지는 경우가 종종 생긴다.

감정이 홍수를 이루어 이성의 기능을 발휘하기 어렵다. 놀라고 당황하면 갑자기 기억력이 감퇴하거나 무엇을 어떻게 해야 할지 판단하기가 어려워지는 경우다. 연구 결과에 의하면 감정의 홍수 상태가 되면 실제 지능도 20~30% 정도 떨어져 정상적인 행동을 하기가 어렵게 된다고 한다. 이럴 때 아이의 힘든 마음을 알아주면 감정이 배출되어 다시 이성의 기능을 회복한다.

감정이 홍수 상태일 때 과제를 요구한다면 제대로 된 대답을 할 수 있을까? 공부에 관한 엄마의 말은 대부분 해야 할 일을 요구하는 말이다. 아이의 마음이 불편한 상태, 즉 감정의 홍수 상태에서 요구하고 질문하면 당연히 아이는 제대로 된 답을 할 수가 없다. 이뿐만 아니라 오히려 더 감정이 폭발적으로 올라가게 된다.

아이의 거친 행동, 돌발적인 행동에 상처받는 엄마가 많다. 물론 아이가 잘못한 행동이지만 알고 보면 이런 감정과 행동의 공식을 미처 알지 못한 엄마가 아이의 감정이 더 폭발할 수밖에 없도록 만들기도 한다. 그러니 엄마가 지금 말할지 나중에 말할지 잠깐 생각해보면 좋겠다. 특히 공부에 관한 질문은 더더욱 그렇다.

질문이 아무리 효과적인 대화법이라도 절대적인 대화법은 아니다. 아무 때나 해도 되는 것이 아니라는 말이다. 몸에 좋은 약이라고 해서 아무 때나 먹어도 되는 게 아닌 것과 마찬가지다. 질문은 사용하는 경우에 따라 캐묻기, 심문하기, 따지기, 비난하기나 혼내기 등 다른 이름으로 불린다. 이런 용도로 사용하면 차라리 사용하지 않는 것이 더 낫다. 질문을 바람직하게 사용하기 위해서는 언제 질문할 것인지 생각하고 선택할 필요가 있다.

우리는 아이에게
어떤 지혜를 가르치고 있나요?

시간이 갈수록 우리 아이가 배워야 할 지식의 양은 늘어만 간다. 그래서 하루하루 그 다양한 지식 가운데 하나라도 더 기억하게 하려고 엄마는 안절부절못한다. 그런데 미래학자들은 앞으로 우리 아이가 살아갈 세상에서 지식만을 기억하는 것은 더는 중요하지 않다고 말한다. 미래의 인재는 지식이 많은 사람이 아니다. 가장 중요한 능력은 지식을 어떻게 활용할 것인가 하는 지혜의 문제다. 그러니 수많은 소프트웨어를 어떻게 활용하고 통합하고 발전시켜 나갈지 생각할 수 있거나, 새로운 소프트웨어를 만들어 낼 수 있는 지혜를 가진 아이로 키워야 한다.

지혜란 사물의 이치를 빨리 깨닫고 사물을 정확하게 처리하는 정신적 능력을 말한다. 지식을 활용하는 것은 지혜다. 지혜가 없는 지식은 단순한 기계에 불과하다.

우리는 아이에게 어떤 지혜를 가르치고 있나? 지혜를 정해진 답처럼 가르치기 시작하는 순간 지혜는 일개 지식으로 전락해버린다. 지혜를 가르치는 가장 좋은 방법은 좋은 질문을 하는 것이다.

한 아이가 공부를 열심히 하는데도 성적이 나오지 않아 고민하고 있다. 엄마는 좀 더 효과적인 공부법이 있다며 가르쳐주겠다고 했다. 그런데 아이는 엄마가 가르쳐주는 것을 거부하고 알아서 하고 싶다고 한다. 엄마는 아이가 스스로 깨달아가기를 원하는 것 같아 참고 기다리기로 한다. 다만 그렇게 알고 싶어 하는 아이의 마음에 대해 지지와 격려의 말을 해주었다. 다음 시험에서 성적이 올랐다. 아이에게 질문했다.

👧 "어떻게 했니?"

아이는 자랑스럽게 말한다.

👦 "엄마, 내가 시험 잘 본 아이들에게 떡볶이 사주고 물어봤어요. 수학 문제 자꾸 틀리는 건 어떻게 공부하는지. 그중에서 한 친구가 말한 방법이 마음에 들었어요. 그 친구는 틀린 문제에 숫자를 다르게

집어넣어서 몇 번 더 풀어본대요. 우선 쉬운 숫자를 넣어보고, 잘되면 다시 어려운 숫자도 넣어보고. 그 방법이 간단하면서 쉽게 할 수 있을 것 같아서 그렇게 해봤더니 진짜 틀리지 않았어요."

이 사례에서 아이는 2가지 지혜를 깨달았다. 공부에는 분명히 좀 더 효과적인 방법이 있다는 것, 그리고 다른 사람의 의견을 들으면 좋은 해결책을 찾아갈 수 있다는 것이다. 이 지혜는 분명 아이가 앞으로 살아가면서 부딪치는 많은 문제를 해결할 때 활용될 것이다. 여기에 덧붙여 또 다른 지혜를 깨달아갈 것이다.

그렇다면 엄마가 아이에게 준 도움은 어떤 것일까? 무심코 보면 엄마는 아무것도 하지 않았다. 하지만 자세히 들여다보면 엄마는 중요한 역할을 했다. 우선 방법을 가르쳐주고 싶은데도 말하지 않고 참은 것이다. 아무것도 하지 않은 것이 아니라 참기 위해 엄청난 에너지를 쏟아부었다. 현재 우리나라 교육에서 엄마가 무언가 나서서 하지 않고 참는다는 것은 엄청난 인내와 노력이 필요한 일이다. 그걸 참고 해냈다는 데 큰 박수를 쳐주고 싶다.

또 한 가지는 지지와 격려로 아이가 스스로 해결 방법을 찾아갈 수 있도록 심리적 동기를 부여했다. 이 또한 매우 중요한 일이다. 동기가 없는 아이는 문제를 스스로 해결하려 하지 않는다. 지지와 격려로 동기를 부여하는 것이 바로 엄마가 해야 하는 매우 중요한 일 가운데 하나다.

엄마는 아이에게 지식을 질문하지 않아도 된다. 학교에서 하는 공부만으로도 이미 충분하다. 아이가 배워야 할 지식 하나하나까지 관여하면 아이가 독립적으로 성장해갈 영역이 사라진다. 아이의 고유 영역을 침범하면 발달을 저해하는 결과를 가져올 뿐이다. 스스로 알아가고 배울 때 인간은 가장 잘 발전한다.

엄마가 공부를 가르치는 가장 좋은 방법은 지식을 가르치는 것이 아니라 지혜를 가르치는 것이다. 아이들은 궁금하면 얼마든지 스스로 지식을 찾아간다. 가르친다는 말을 지식을 가르친다는 것으로 오해하는 순간 엄마와 아이의 관계는 악화된다. 내 자식은 내가 못 가르친다는 말은 지식에 매달려 하나라도 아이가 더 알기를 바랄 때 나오는 말이다.

엄마가 아이에게 지혜를 가르치는 장면은 아름다운 배움의 장면으로 연출된다. 생각해보라. 지혜를 가르치는 사람이 아이를 혼내고 화내면서 가르칠 수 있겠는가? 그런데 좀 더 꼼꼼히 따져보면 지혜를 '가르친다'라는 말은 옳지 않다. 지혜는 가르치는 것이 아니라 스스로 깨달을 수 있도록 도와주는 것이다. '가르친다'라는 말에서 공부의 주체는 가르치는 사람이 된다. '도와준다'라는 말은 도움을 받는 사람이 잘해나가도록 하는 것이기에 공부의 주체는 아이가 된다. 그러니 엄마는 '가르친다'가 아니라 '도와준다'에 머무를 수 있도록 자신 위치를 잘 지켜야 한다. 그래야 우리 아이가 지혜를 깨닫는다. 지혜는 스스로 깨달을 때 최고의 가치를 지닌다.

흔히 유대인들의 교육에서 고기를 잡아주지 말고 고기 잡는 법을 가르쳐주어야 한다고 한다. 고기 잡는 법을 가르치는 것도 좋은 가르침이지만, 그것도 알고 보면 지식이다. 이제 미래를 살아갈 우리 아이들에게는 고기 잡는 법을 스스로 깨우칠 수 있는 지혜를 가르쳐야 한다. 그래야 어떤 변화가 다가올지 모르는 미래 사회에서 스스로 문제를 해결하고 지혜롭게 대처할 수 있다. 지혜는 스스로 발전하고 성장해가는 생명력을 지녔다.

다음 질문에 대한 답을 생각해보자.

우리 아이가 배를 만들기를 바란다면 어떻게 하면 좋을까?

엄마가 자신에게 던져야 할 마지막 질문이다.

★ 나는 고기를 잡아주는 엄마가 되고 싶은가?
★ 고기 잡는 법을 가르쳐주는 엄마가 되고 싶은가?
★ 고기 잡는 법을 스스로 깨닫도록 도와주는 엄마가 되고 싶은가?
★ 나는 어떤 엄마가 되고 싶은가?

매일의 '작은 성공'을 이끌어
아이의 미래를 바꾸는

엄마의
공부머리
말습관

초판 1쇄 발행 2021년 1월 18일
초판 2쇄 발행 2021년 12월 30일

지은이 이임숙
펴낸이 민혜영
펴낸곳 (주)카시오페아 출판사
주소 서울시 마포구 월드컵로 14길 56, 2층
전화 02-303-5580 | **팩스** 02-2179-8768
홈페이지 www.cassiopeiabook.com | **전자우편** editor@cassiopeiabook.com
출판등록 2012년 12월 27일 제2014-000277호
편집 최유진, 진다영, 공하연
디자인 이성희, 최예슬
마케팅 허경아, 홍수연, 김철, 변승주

ⓒ 이임숙, 2021
ISBN 979-11-90776-39-4 (03590)

이 도서의 국립중앙도서관 출판시도서목록 CIP는 서지정보유통지원시스템 홈페이지(http://seoji.nl.go.kr)와
국가자료공동목록시스템(http://www.nl.go.kr/kolisnet)에서 이용하실 수 있습니다.
CIP제어번호: 2020053894

· 잘못된 책은 구입한 곳에서 바꾸어 드립니다.
· 책값은 뒤표지에 있습니다.